ALLERGIC'O I

RECONCILIEZ-VOUS AVEC LES MATHS DU QUOTIDIEN

Tome 1

Nombres décimaux, nombres relatifs, carrés et racines carrées, fractions et puissances.

Pascal IMBERT

Droits d'auteur © 2015 Pascal Imbert

Tous droits réservés
ISBN : 978-1508776642

Table des matières

Introduction

Combien de fois dans votre vie vous êtes-vous retrouvé dans une situation où vous vous êtes dit : « Si seulement on pouvait m'expliquer cela simplement ! ». Que ce soit lorsque vous étiez étudiant et que vous avez été confronté à un enseignant peu pédagogue, que ce soit lors d'une réunion dans laquelle l'intervenant ne parvenait pas à se mettre au niveau de son auditoire ou encore lorsque vous suiviez une interview à la télévision et ne compreniez pas où voulait en venir la personne interviewée. Quel est alors votre réflexe ? Vous décrochez, vous n'écoutez plus et au final vous n'apprenez pas. Toutes ces situations, je les ai personnellement rencontrées et je m'efforce dès lors à toujours rendre les choses les plus simples possibles lorsque j'ai moi-même à parler d'un sujet. Les mathématiques sont omniprésentes dans la vie quotidienne, tous les jours chacun a l'occasion d'être confronté à des chiffres : en lisant la presse, en regardant les informations, en faisant ses courses, en suivant une recette de cuisine, en bricolant etc.

Les mathématiques ne sont pas réservées à une élite. Très nombreuses sont les personnes qui ont des sueurs froides à l'évocation du mot « mathématiques ». Des générations d'individus sont traumatisées par l'enseignement qui leur a été fait des mathématiques.

Beaucoup se sentent aujourd'hui handicapés dans leur quotidien dès lors qu'ils font face à des chiffres. Au travers de ce livre, je souhaite réconcilier toutes ces personnes avec les mathématiques et leur montrer à quel point des notions mathématiques utiles au quotidien peuvent être abordées simplement. Ce livre s'adresse donc à un public de 7 à 77 ans comme on a l'habitude de dire. Le jeune élève qui apprend les mathématiques en classe y trouvera des explications originales, l'adulte y trouvera des éléments qu'il aurait tellement voulu qu'on lui enseigne alors qu'il était encore à l'école et qu'il s'empressera d'utiliser dans son quotidien alors que les plus anciens auront l'occasion de rafraîchir de lointains souvenirs et de soumettre leur cerveau à une saine gymnastique. Il a d'ailleurs été prouvé que solliciter régulièrement son cerveau était bénéfique à l'entretien de sa mémoire.

Rarement un livre n'aura abordé des notions mathématiques avec une approche aussi simple. Dans ce premier tome, limité à 100 pages afin de n'aborder que les notions fondamentales dans un temps de lecture acceptable, nous nous intéresserons aux nombres décimaux, aux nombres relatifs, aux carrés et racines carrées, aux fractions et aux puissances au travers d'exemples très concrets. En fin d'ouvrage, vous aurez l'occasion de tester vos connaissances au travers de 25 exercices couvrant l'ensemble des notions étudiées tout au long du livre. Je souhaite que chaque lecteur referme ce livre en ayant retenu l'une ou l'autre des notions qui y sont abordées, avec la satisfaction d'avoir appris quelque chose d'utile et en ayant pris beaucoup de plaisir. Si tel est le cas, vous serez engagé sur la voie de la guérison de votre allergie aux maths !

Nombres entiers et nombres décimaux

Tous les jours, que ce soit en faisant vos courses au supermarché, en regardant la télévision ou encore en lisant votre journal, vous êtes confrontés à des nombres. Pour faire simple, tous ces nombres peuvent être classés en deux catégories : les nombres entiers et les nombres décimaux.

Un **nombre entier** est un nombre dans lequel il n'y a pas de virgule :
ainsi 4 ; 9 ; 24 ou 1547 sont des nombres entiers car ils ne contiennent pas de virgule.

Un **nombre décimal** est un nombre dans lequel il y a une virgule :
ainsi 4,54 ; 9,856 ; 24,006 ou 1547,8 sont des nombres décimaux car ils contiennent une virgule.

Classer des nombres décimaux

Dans ce chapitre, nous allons apprendre à manipuler ces nombres entiers et décimaux et à les comparer entre eux au travers d'exemples simples et concrets.

Unités de volume américaines

Lorsque vous voyagez aux Etats-Unis, vous devez vous adapter à un système de mesure totalement différent de celui que vous connaissez en Europe : les longueurs et les volumes sont exprimés dans des unités différentes comme cela est illustré ci-dessous :

Unité américaine	Equivalent européen
Quart (qt)	0,946 L
Pied cube (cubic foot)	28,320 L
Once liquide (fluid once, fl oz)	0,0296 L
Pinte (pint, pt)	0,473 L
Gallon (US gallon, gal)	3,785 L

L'once liquide (ou fl oz) sera utilisée pour acheter à peu près tous les liquides en grande surface, le gallon sera quant à lui utilisé dans les stations service pour acheter de l'essence.

Exercice : il vous est demandé de ranger ces différentes unités dans l'ordre croissant de leur capacité.

Ranger des nombres dans l'ordre croissant revient à les classer en partant du plus petit et en allant jusqu'au plus grand.

La difficulté est liée ici à la présence de nombres décimaux.

Pour classer des nombres décimaux, il faut systématiquement commencer par observer le nombre qui apparaît avant la virgule : dans le tableau ci-dessus, les nombres avant la virgule sont dans l'ordre 0 pour le quart, 28 pour le pied cube, 0 pour l'once liquide, 0 pour la pinte et 3 pour le gallon.

Cette première étape permet d'ores et déjà d'établir un premier classement : on ne peut pas encore départager le quart, l'once liquide et la pinte mais on peut constater que le pied cube puis le gallon sont les plus grands.

Il nous reste à présent à examiner le quart, l'once liquide et la pinte. Pour ce faire, il faut observer le premier chiffre après la virgule : dans le tableau ci-dessus, les premiers chiffres après la virgule sont 9 pour le quart, 0 pour l'once liquide et 4 pour la pinte.

Cette deuxième étape permet d'annoncer que l'once liquide est la plus petite, suivie de la pinte, suivie du quart.

En combinant les résultats obtenus au cours des étapes précédentes, on peut établir le classement croissant suivant :

Unité américaine	Equivalent européen
Once liquide (fluid once, fl oz)	0,0296 L
Pinte (pint, pt)	0,473 L
Quart (qt)	0,946 L
Gallon (US gallon, gal)	3,785 L
Pied cube (cubic foot)	28,320 L

Pour comparer des nombres décimaux :

Commencer par comparer les nombres situés avant la virgule ;

Si les nombres avant la virgule sont identiques, comparer alors le 1er chiffre situé après la virgule ;

Si ces 1er chiffres sont identiques, comparer alors le 2ème chiffre après la virgule ;

Si ces 2èmes chiffres sont identiques, comparer alors le 3ème chiffre après la virgule, et ainsi de suite ...

Un peu d'astronomie

Dans le tableau ci-dessous figurent les diamètres (exprimés en milliers de kilomètres) des planètes du système solaire :

Planète	**Diamètre**
Terre	12,7
Uranus	50,7
Vénus	12,1
Jupiter	143
Mercure	4,9
Mars	6,8
Pluton	2,3
Neptune	49,2
Saturne	120,5

Exercice : il vous est demandé de ranger les planètes de la plus grande à la plus petite.

Comme précédemment, nous commençons à ranger les planètes par rapport au nombre situé avant la virgule. On s'aperçoit qu'aucune des planètes n'a le même nombre avant la virgule, à l'exception de Vénus et de la Terre (12). On peut donc classer toutes les planètes en fonction de leur nombre avant la virgule sauf Vénus et la Terre. Pour ces deux planètes, on observe alors le 1er chiffre après la virgule. On a 7 pour la Terre et 1 pour

Vénus, on en déduit que la Terre et plus grosse que Vénus et on obtient ainsi :

Planète	**Diamètre**
Jupiter	143
Saturne	120,5
Uranus	50,7
Neptune	49,2
Terre	12,7
Vénus	12,1
Mars	6,8
Mercure	4,9
Pluton	2,3

Les Jeux Olympiques

Lors des courses aux Jeux Olympiques, les vainqueurs sont désignés en fonction du temps qu'ils mettent pour parcourir une distance donnée. Les écarts entre les coureurs sont généralement très faibles et il est dès lors nécessaire d'observer les chiffres après la virgule pour les départager. Voici le résultat de la finale du 100 mètres Homme lors des Jeux Olympiques de Londres en 2012 :

Athlète	Temps (secondes)
Richard Thompson	9,98
Asafa Powell	11,99
Tyson Gay	9,80
Yohan Blake	9,75
Justin Gatlin	9,79
Usain Bolt	9,63
Ryan Bailey	9,88
Churandy Martina	9,94

Exercice : il vous est demandé de ranger les athlètes du plus rapide au plus lent.

Pour commencer, voici une notion de vocabulaire. Lorsque l'on chronomètre des courses, que ce soit en athlétisme ou en natation, il est souvent nécessaire de recourir à des nombres décimaux car les temps des athlètes sont souvent très proches.

Lorsque l'on chronomètre un temps en secondes :

Le 1er chiffre après la virgule est appelé **10ème de seconde** ($1/10^{ème} = 0,1$)
Le 2ème chiffre après la virgule est appelé **100ème de seconde** ($1/100^{ème} = 0,01$)
Le 3ème chiffre après la virgule est appelé **1000ème de seconde** ($1/1000^{ème} = 0,001$).

Comme précédemment, nous commençons par classer les athlètes en fonction du nombre avant la virgule. Ici tous ont le même nombre (9) sauf Asafa Powell (11). On peut d'ores et déjà en déduire que Asafa Powell est celui qui a mis le plus de temps et a donc fini dernier de la course.

Comparons maintenant les 10ème de seconde des athlètes ayant le même nombre avant la virgule :
Un athlète a un 6, deux athlètes ont un 7, deux athlètes ont un 8 et deux athlètes ont un 9. On peut déduire que l'athlète qui a un 6, Usain Bolt, est le plus rapide et le vainqueur de la course.

Départageons à présent le deuxième et le troisième de la course (ceux qui ont un 7 en $1/10^{ème}$ de seconde) en observant maintenant les 100ème de seconde : Yohan Blake a un 5 alors que Justin Gatlin a un 9. On en déduit que le deuxième de la course est Yohan Blake et que Justin Gatlin finit troisième de la course.

Départageons à présent le quatrième et le cinquième de la course (ceux qui ont un 8 en 1/10ème de seconde) en observant maintenant les 100ème de seconde : Tyson Gay a un 0 alors que Ryan Bailey a un 8. On en déduit que le quatrième de la course est Tyson Gay et que Ryan Bailey finit cinquième de la course.

Départageons à présent le sixième et le septième de la course (ceux qui ont un 9 en 1/10ème de seconde) en observant maintenant les 100ème de seconde : Churandy Martina a un 4 alors que Richard Thompson a un 8. On en déduit que le sixième de la course est Churandy Martina et que Richard Thompson finit septième de la course.

Ce qui donne au classement final :

Athlète	**Temps (secondes)**
Usain Bolt	9,63
Yohan Blake	9,75
Justin Gatlin	9,79
Tyson Gay	9,80
Ryan Bailey	9,88
Churandy Martina	9,94
Richard Thompson	9,98
Asafa Powell	11,99

Calculer avec des nombres décimaux

Au quotidien, la plupart des calculs sur les nombres décimaux pourront être réalisés à la calculatrice, cependant il existe certaines techniques vous permettant de réaliser des opérations plus simplement et parfois mentalement.

Au marché

Vous vous rendez au marché pour y acheter des fruits et des légumes. Votre panier vide pèse 426 g et vous y rajoutez :

Fruits / Légumes	**Poids**
Cerises	0,7 kg
Raisin blanc	1,75 kg
Carottes	2,478 kg
Tomates	4,8 kg

<u>Exercice</u> : *il vous est demandé de calculer le poids de fruits et légumes achetés.*

Pour commencer, vous devez vous assurer que le poids de chaque article est bien exprimé dans la même unité. Parfois le poids de certains articles sera exprimé en grammes (g) alors que pour d'autres il sera exprimé en kilogrammes (kg). Dans ce cas, avant de faire le calcul, il faudra exprimer tous les poids dans la même unité (soit kg, soit g). Ici tous les poids indiqués sont en kilogrammes (kg), l'unité est donc la même.

Pour calculer le poids total des fruits et des légumes, il faut donc additionner les poids des cerises, du raisin, des carottes et des tomates soit 0,7 + 1,75 + 2,478 + 4,8.

Pour être sûr de ne pas vous tromper lors du calcul, il faut que tous les nombres aient le même nombre de chiffres après la virgule. Dans notre exemple, c'est le poids des carottes qui contient le plus de chiffres après la virgule, il y a 3 chiffres. Donc tous les autres poids doivent être aussi écrits avec 3 chiffres après la virgule.

Comment faire ?

Il suffit de rajouter des 0 jusqu'à obtenir 3 chiffres après la virgule, ce qui donne :

Fruits / Légumes	**Poids**
Cerises	0,7**00** kg
Raisin blanc	1,75**0** kg
Carottes	2,478 kg
Tomates	4,8**00** kg

On peut maintenant réaliser le calcul en posant l'addition :

$$\begin{array}{rr} & 0{,}7\underline{00} \\ + & 1{,}75\underline{0} \\ + & 2{,}478 \\ + & 4{,}8\underline{00} \\ \hline = & 9{,}728 \end{array}$$

Le poids total des fruits et des légumes achetés est donc de 9,728 kg.

Pour **additionner des nombres décimaux**, assurez-vous que les nombres aient tous le même nombre de chiffres après la virgule. Si ce n'est pas le cas, rajoutez des 0 afin de pouvoir poser l'addition avec des nombres décimaux ayant le même nombre de chiffres après la virgule.

Exercice : il vous est demandé de calculer le poids du panier rempli des fruits et légumes achetés.

La réponse à cette question consiste à additionner le poids du panier vide (426 g) et celui des fruits et légumes achetés (9,728 kg). Pour cela nous devons effectuer une conversion, c'est ce que nous allons voir dans le chapitre qui suit.

Comment convertir dans des unités différentes ?

Au marché (suite)

Comme vu précédemment, vous devez vous assurer que le poids de chaque article est bien exprimé dans la même unité. Notre panier vide pèse 426 g et nos achats pèsent 9,728 kg. Nous constatons que les unités sont différentes. Nous devons donc indiquer les poids soit en grammes (g), soit en kilogrammes (kg). Voici le tableau de conversion des poids :

kg	hg	dag	g	dg	cg	mg
kilogra mme	hectogra mme	décagra mme	gram me	décigra mme	centigra mme	milligra mme

Grâce à ce tableau, il vous sera très facile de transformer des grammes en milligrammes ou en kilogrammes etc....

Dans notre exemple, nous allons convertir le poids du panier vide, exprimés en grammes, en kilogrammes qui est l'unité de poids de nos achats.

Pour ce faire, nous plaçons 426 grammes dans le tableau en prenant soin de placer le 6 dans la case des grammes et d'y ajouter une virgule :

kg	hg	dag	g	dg	cg	mg
	4	2	6,			

Nous souhaitons convertir ces 426 grammes en kilogrammes, c'est pourquoi dans le tableau, nous rajoutons autant de 0 que nécessaire jusqu'à atteindre la colonne des kilogrammes et nous y déplaçons la virgule :

kg	hg	dag	g	dg	cg	mg
0,	4	2	6			

On en déduit que 426 g = 0,426 kg et on peut donc maintenant poser l'addition :

$$\begin{array}{rr} & 0{,}426 \\ + & 9{,}728 \\ \hline = & 10{,}154 \end{array}$$

On en déduit que notre panier rempli de fruits pèse 10,154 kg.

<u>Exercice</u> : il vous est demandé de convertir le poids total du panier en hectogrammes puis en milligrammes.

Pour ce faire, nous plaçons 10,154 kilogrammes dans le tableau en prenant soin de placer un chiffre par case et de faire en sorte que le dernier chiffre avant la virgule soit placé dans la case des kilogrammes :

	kg	hg	dag	g	dg	cg	mg
1	0,	1	5	4			

Nous souhaitons convertir ces 10,154 kilogrammes en hectogrammes, c'est pourquoi dans le tableau, nous déplaçons la virgule dans la colonne des hectogrammes :

	kg	hg	dag	g	dg	cg	mg
1	0	1,	5	4			

On en déduit que 10,154 kg = 101,54 hg

Nous souhaitons convertir ces 10,154 kilogrammes en milligrammes, c'est pourquoi dans le tableau, nous rajoutons autant de 0 que nécessaire pour atteindre la colonne des milligrammes puis nous déplaçons la virgule dans cette même colonne :

	kg	hg	dag	g	dg	cg	mg
1	0	1	5	4	**0**	**0**	**0,**

On en déduit que 10,154 kg = 10154000 mg

Avant d'effectuer une opération sur des nombres décimaux, assurez-vous que ceux-ci sont exprimés dans la même unité.
Si ce n'est pas le cas, **effectuez la conversion** grâce au tableau de conversion.

Comment soustraire des nombres décimaux ?

Au marché (suite)

Supposons à présent, que nous retirions les tomates de notre panier.

Exercice : il vous est demandé de calculer le poids total du panier sans les tomates.

Au poids total du panier déterminé précédemment (10,154 kg), nous devons retrancher le poids des tomates 4,8 kg.

Pour ce faire, nous vérifions que les poids sont exprimés dans la même unité : c'est le cas ici puisque les deux poids sont exprimés en kilogrammes ;

Avant de poser la soustraction, nous devons nous assurer que les deux nombres ont le même nombre de chiffres après la virgule : ce n'est pas le cas ici. Nous devons donc écrire 4,8 kg sous la forme suivante : 4,800 kg.

Nous pouvons à présent poser la soustraction :

	10,154
-	4,800
=	5,354

Une fois les tomates retirées, le panier ne pèse plus que 5,354 kg.

Pour **soustraire des nombres décimaux**, assurez-vous que les nombres aient tous le même nombre de chiffres après la virgule. Si ce n'est pas le cas, rajoutez des 0 afin de pouvoir poser la soustraction avec des nombres décimaux ayant le même nombre de chiffres après la virgule.

Comment multiplier des nombres décimaux ?

Au marché (suite)

Le chou-fleur est en promotion sur ce marché puisqu'il est proposé à 1,65 € le kilo. Vous décidez d'en acheter et, à la pesée, votre sachet en contient 1,583 kg.

Exercice : il vous est demandé de calculer le prix à payer pour le chou-fleur.

Vous savez que chaque kilo de chou-fleur coûte 1,65 €. Vous achetez 1,583 kg.

Pour obtenir le prix total, il vous suffit de poser la multiplication suivante : 1,583 x 1,65.

Vous multipliez deux nombres décimaux, pour effectuer ce calcul il est plus simple, dans un premier temps, de ne pas tenir compte des virgules et de poser la multiplication suivante :

$$\begin{array}{rr} & 1583 \\ \times & 165 \\ \hline = & 261195 \end{array}$$

Dans un second temps, il est intéressant de constater que 1,583 possède 3 chiffres après la virgule et que 1,65 possède 2 chiffres après la virgule : cela signifie que le résultat de 1,583 x 1,65 possède 3 + 2 = 5 chiffres après la virgule.

Dans le résultat de la multiplication obtenu précédemment, il suffit de compter à présent 5 chiffres en partant de la fin et de placer la virgule devant le 5ème chiffre soit 2,61195.

Ce qui signifie que 1,583 x 1,65 = 2,61195.

En arrondissant le résultat à 2 chiffres après la virgule, on déduit que le chou-fleur nous coûtera 2,61 €.

Pour **multiplier deux nombres décimaux** entre eux :

Effectuez la multiplication sans tenir compte des virgules,
Comptez le nombre de chiffres après la virgule dans chacun des nombres multipliés,
Additionnez ces nombres de chiffres, cela vous donne le nombre de chiffres après la virgule dans le résultat obtenu.

Comment diviser des nombres décimaux ?

La dernière opération que nous n'avons pas encore abordée est la division. La division est l'opération que vous devez réaliser dès lors que vous souhaiter partager un élément (une tarte, des bonbons, de l'argent) de façon équitable entre plusieurs personnes.

Supposons que vous possédez un paquet contenant 12 biscuits et que vous souhaitez le partager équitablement entre vos 3 enfants. Vous allez alors diviser 12 par 3 ce qui donne 4. Cela signifie que vous répartissez vos 12 biscuits en 3 lots contenant chacun 4 biscuits et donc que chacun de vos 3 enfants recevra 4 biscuits.
Vous pouvez également constater qu'une fois ce partage effectué, il ne reste aucun biscuit. Du fait que le résultat de la division ne fasse apparaître aucun reste, on dit alors que 12 est divisible par 3. On peut écrire que 12 = 3 x 4 + 0.

Notion de vocabulaire :

12 s'appelle le dividende (le nombre que l'on veut partager),
3 s'appelle le diviseur (le nombre de parts que l'on veut faire),
4 s'appelle le quotient (le résultat de la division : ce que contient chacune des parts),
0 s'appelle le reste (ce qu'il reste du nombre à partager lorsque les parts ont été distribuées).

Supposons à présent que vous ayez 25 bonbons à partager équitablement entre vos 4 neveux. Comme précédemment, vous allez diviser 25 par 4. Si vous effectuez ce calcul de tête ou à la main, vous allez trouver 6 avec un reste de 1. Cela signifie que chacun de vos 4 neveux recevra 6 bonbons et qu'il vous restera 1 bonbon non distribué (vous ne pouvez pas partager 1 bonbon en 4 !). Si vous effectuez ce calcul à la calculatrice, vous allez trouver 6,25.

Le fait que le résultat de votre division fasse apparaître un reste (ici : 1 bonbon), ou donne un chiffre décimal (à virgule) à la calculatrice, signifie que 25 n'est pas divisible par 4. On peut écrire que 25 = 4 x 6 + 1.

La **division** est l'opération qui permet de réaliser un partage.

Lorsque vous effectuez une division d'un nombre A par un nombre B :

Si le calcul à la main fait apparaître un reste différent de 0, cela signifie que le nombre A n'est pas divisible par le nombre B,
Si le calcul à la calculatrice fait apparaître un nombre décimal, cela signifie que le nombre A n'est pas divisible par le nombre B.

Si le calcul à la main ne fait pas apparaître de reste, cela signifie que le nombre A est divisible par le nombre B,
Si le calcul à la calculatrice fait apparaître un nombre entier, cela signifie que le nombre A est divisible par le nombre B.

Il existe des astuces qui vous permettent de savoir très simplement si un nombre est divisible par un autre nombre compris entre 1 et 13. Cette astuce se nomme « critère de divisibilité » et a été expliquée dans mon ouvrage intitulé « Les secrets du calcul mental, tout le monde est capable de calculer en un clin d'œil ».

Critères de divisibilité	Exemple
Divisibilité par 2 : Un nombre est divisible par 2 si son dernier chiffre est pair (il finit par 0, 2, 4, 6 ou 8)	126 est divisible par 2, 133 n'est pas divisible par 2.
Divisibilité par 3 : Un nombre est divisible par 3 si la somme de ses chiffres est un multiple de 3.	131 n'est pas divisible par 3 car 1+3+1=5 et 5 n'est pas un multiple de 3, 531 est divisible par 3 car 5+3+1=9 et 9 est un multiple de 3.
Divisibilité par 4 : Un nombre est divisible par 4 si ses deux derniers chiffres forment un multiple de 4.	311 n'est pas divisible par 4 car 11 n'est pas un multiple de 4, 624 est divisible par 4 car 24 est un multiple de 4.

Divisibilité par 5 : Un nombre est divisible par 5 si son dernier chiffre est un 0 ou un 5.	234 n'est pas divisible par 5 car son dernier chiffre est 4, 990 est divisible par 5 car son dernier chiffre est 0.
Divisibilité par 6 : Un nombre est divisible par 6 s'il est à la fois divisible par 2 et par 3.	741 n'est pas divisible par 6 car il n'est pas divisible par 2 (mais il est divisible par 3), 234 est divisible par 6 car il est à la fois divisible par 2 et par 3.
Divisibilité par 7 : Un nombre est divisible par 7 si le nombre donné par cd – (ux2) est divisible par 7. Dans le nombre à diviser : c est le chiffre des centaines, d est le chiffre des dizaines, u est le chiffre des unités.	176 n'est pas divisible par 7 car cd – (u x 2) = 17 – 6x2 = 17-12 = 5 n'est pas divisible par 7, 553 est divisible par 7 car cd – (u x 2) = 55 – 3x2 = 55-6 = 49 est divisible par 7.

Divisibilité par 8 : Un nombre est divisible par 8 si le nombre donné par cd + (u/2) est divisible par 4. Dans le nombre à diviser : c est le chiffre des centaines, d est le chiffre des dizaines, u est le chiffre des unités.	834 n'est pas divisible par 8 car cd + (u/2) = 83 + (4/2) = 85 n'est pas divisible par 4, 616 est divisible par 8 car cd + (u/2) = 61 + (6/2) = 64 est divisible par 4.
Divisibilité par 9 : Un nombre est divisible par 9 si la somme de ses chiffres est un multiple de 9.	445 n'est pas divisible par 9 car 4+4+5=13 et 13 n'est pas divisible par 9, 756 est divisible par 9 car 7+5+6=18 et 18 est divisible par 9.
Divisibilité par 10 : Un nombre est divisible par 10 si son dernier chiffre est un 0.	849 n'est pas divisible par 10 car son dernier chiffre est 9, 320 est divisible par 10 car son dernier chiffre est 0.

Divisibilité par 11 : Un nombre est divisible par 11 si la différence entre la somme des chiffres pairs et la somme des chiffres impairs est divisible par 11.	1**3**5**4** n'est pas divisible par 11 car 1+5=6 et **3**+**4**=7 et 7-6=1 n'est pas divisible par 11, 1**3**6**4** est divisible par 11 car 1+6=7 et **3**+**4**=7 et 7-7=0 est divisible par 11.
Divisibilité par 12 : Un nombre est divisible par 12 s'il est à la fois divisible par 3 et par 4.	525 n'est pas divisible par 12 car il n'est pas divisible par 4 (mais il est divisible par 3), 156 est divisible par 12 car il est à la fois divisible par 3 et par 4.
Divisibilité par 13 : Un nombre est divisible par 13 si cd + (4xu) est divisible par 13. Dans le nombre à diviser : c est le chiffre des centaines, d est le chiffre des dizaines, u est le chiffre des unités.	426 n'est pas divisible par 13 car 42 + 4x6 = 42+24=68 n'est pas divisible par 13, 637 est divisible par 13 car 63 + 4x7 = 63+28=91 est divisible par 13. 91 est divisible par 13 car 9 + 4x1 = 9+4 = 13 est divisible par 13.

On déménage

Vous préparez votre déménagement et estimez que vous aurez besoin de 175 cartons pour emballer toutes vos affaires. Le magasin de fournitures ne commercialise ces cartons que par lots contenant 14 cartons chacun.

Exercice : il vous est demandé de calculer combien de lots de cartons sont nécessaires à votre déménagement puis de déterminer s'il vous restera des cartons non utilisés.

Pour commencer, il s'agit de déterminer quelle est la grandeur que vous souhaitez partager puis en combien de parts vous devez la partager. Dans notre exemple, vous savez que vous avez besoin d'un nombre total de 175 cartons, il s'agit de la grandeur à partager. Ces cartons sont uniquement vendus en lots c'est à dire en parts contenant chacune 14 cartons. Pour répondre à la question posée, il suffit donc de déterminer combien de parts contenant chacune 14 cartons, il est possible de faire avec 175 cartons. Pour ce faire, on divise 175 par 14.

En effectuant la division à la main, vous trouverez 175 = 14 x 12 + 7. A la calculatrice vous trouverez 12,5. Cela signifie que pour avoir 175 cartons, vous avez besoin de 12 lots de 14 cartons et de 7 autres cartons.

Hélas les cartons ne se vendent pas à l'unité, c'est pourquoi pour avoir le compte vous devrez acheter 13 lots de 14 cartons, ce qui représente 13 x 14 = 182 cartons, soit 7 cartons de plus que nécessaire (car 182 – 175 = 7).

En conclusion, pour réussir votre déménagement vous devrez acheter 13 lots de 14 cartons et il vous restera 7 cartons non utilisés.

Le collectionneur de timbres

Un collectionneur de timbres annonce fièrement : « J'ai plus de 400 timbres mais moins de 450 !
Que je les groupe par 2, par 3, par 4 ou par 5, il m'en reste toujours un tout seul ! »

Exercice : il vous est demandé de déterminer combien de timbres possède ce collectionneur.

Pour résoudre ce problème, il faut faire appel aux critères de divisibilité.
Le collectionneur indique que s'il groupe ses timbres par 5, il lui en reste 1. Cela signifie que le nombre total de ses timbres n'est pas divisible par 5. Or d'après le tableau des critères de divisibilité, un nombre est divisible par 5 s'il se termine par 0 ou 5. Comme il lui reste systématiquement 1 timbre en regroupant ses timbres par 5, on en déduit que ce collectionneur possède soit 401, 406, 411, 416, 421, 426, 431, 436, 441 ou 446 timbres.

De même, le collectionneur indique que s'il groupe ses timbres par 2, il lui en reste 1.
Cela signifie que le nombre total de ses timbres n'est pas divisible par 2. Or d'après le tableau des critères de divisibilité, un nombre est divisible par 2 s'il est pair. On en déduit que ce collectionneur possède un nombre impair de timbres. Parmi les possibilités dénombrées ci-

dessus, on peut donc supprimer les nombres pairs, il reste ainsi 401, 411, 421, 431 et 441 timbres.

Le collectionneur indique que s'il groupe ses timbres par 4, il lui en reste 1.
Cela signifie que le nombre total de ses timbres n'est pas divisible par 4. Or d'après le tableau des critères de divisibilité, un nombre est divisible par 4 s'il le nombre formé par ses deux derniers chiffres est divisible par 4.

Parmi les possibilités dénombrées ci-dessus :
401 est possible car 400 est divisible par 4 (00 est divisible par 4) et il reste bien 1,
411 n'est pas possible car 410 n'est pas divisible par 4 (10 n'est pas divisible par 4),
421 est possible car 420 est divisible par 4 (20 est divisible par 4) et il reste bien 1,
431 n'est pas possible car 430 n'est pas divisible par 4 (30 n'est pas divisible par 4),
441 est possible car 440 est divisible par 4 (40 est divisible par 4) et il reste bien 1.
A ce stade de notre enquête, le collectionneur possède soit 401, 421 ou 441 timbres.

Reste à étudier la divisibilité par 3.
Le collectionneur indique que s'il groupe ses timbres par 3, il lui en reste 1.
Cela signifie que le nombre total de ses timbres n'est pas divisible par 3. Or d'après le tableau des critères de divisibilité, un nombre est divisible par 3 si la somme de ses chiffres est divisible par 3.
401 n'est pas divisible par 3 car 4 + 0 + 1 = 5 et 5 n'est pas divisible par 3. Pour autant, 401 = 133 x 3 + 2. Le

reste n'étant pas 1, 401 ne correspond pas au nombre de timbres du collectionneur.

421 n'est pas divisible par 3 car 4 + 2 + 1 = 7 et 7 n'est pas divisible par 3. Pour autant, 421 = 140 x 3 + 1. Le reste étant 1, 421 peut correspondre au nombre de timbres du collectionneur.

441 est divisible par 3 car 4 + 4 + 1 = 9. Donc 441 ne peut pas correspondre au nombre de timbres du collectionneur puisque celui-ci n'est pas sensé être divisible par 3 (il doit lui rester 1 timbre).

On peut donc en déduire avec certitude que notre collectionneur possède exactement 421 timbres.

Les bons comptes font les bons amis

Un groupe de moins de 40 personnes doit se répartir équitablement une somme de 229 €. Il reste alors 19 €. Une autre fois, ce même groupe doit se répartir équitablement 474 € : cette fois-ci, il reste 12 €.

<u>Exercice</u> : *il vous est demandé de déterminer combien de personnes contient ce groupe.*

Appelons P le nombre de personnes que contient le groupe. Lorsque l'on cherche à partager 229 € entre les P personnes, il reste au final 19 €. Cela signifie que 229 n'est pas divisible par P, néanmoins 229 – 19 = 210 est divisible par P.

De la même façon, lorsqu'on cherche à partager 474 € entre les P personnes, il reste 12 €. Cela signifie que 474 n'est pas divisible par P, néanmoins 474 – 12 = 462 est divisible par P.

Nous devons donc chercher tous les nombres qui sont diviseurs à la fois de 210 et de 462.

Pour trouver tous les diviseurs de ces nombres, la clé est de décomposer au maximum les nombres 210 et 462 de la façon suivante :

210 = 21 x 10 = 3 x 7 x 5 x 2 (on ne peut pas décomposer 210 avec des nombres plus petits que 2, 3, 5 et 7).

462 = 2 x 231 = 2 x 3 x 77 = 2 x 3 x 7 x 11 (on ne peut pas décomposer 462 avec des nombres plus petits que 2, 3, 7 et 11).

A partir de l'expression 210 = 3 x 7 x 5 x 2, on peut écrire (en regroupant les nombres 3, 7, 5 et 2 de différentes manières) :

210 = 3 x (7 x 5 x 2) = 3 x 70
210 = 7 x (3 x 5 x 2) = 7 x 30
210 = 5 x (3 x 7 x 2) = 5 x 42
210 = 2 x (3 x 7 x 5) = 2 x 105
210 = (3 x 7) x (5 x 2) = 21 x 10
210 = (3 x 2) x (7 x 5) = 6 x 35
210 = (3 x 5) x (7 x 2) = 15 x 14

De toutes ces écritures, on peut dire que 2, 3, 5, 6, 7, 10, 14, 15, 21, 30, 35, 42, 70 et 105 sont des diviseurs de 210.

De la même façon, à partir de l'expression 462 = 2 x 3 x 7 x 11, on peut écrire :

462 = 2 x (3 x 7 x 11) = 2 x 231
462 = 3 x (2 x 7 x11) = 3 x 154
462 = 7 x (2 x 3 x 11) = 7 x 66
462 = 11 x (2 x 3 x 7) = 11 x 42
462 = (2 x 3) x (7 x 11) = 6 x 77
462 = (3 x 7) x (2 x 11) = 21 x 22
462 = (2 x 7) x (3 x 11) = 14 x 33

De toutes ces écritures, on peut dire que 2, 3, 6, 7, 11, 14, 21, 22, 33, 42, 66, 77, 154 et 231 sont des diviseurs de 462.

On constate que les nombres qui sont à la fois diviseurs de 210 et 462 (que l'on retrouve dans les 2 expressions) sont 2, 3, 6, 7, 14, 21 et 42. Parmi ces nombres se trouve le nombre P de personnes du groupe.

On sait que le groupe contient moins de 40 personnes, on peut donc éliminer 42,

Si le groupe contenait 2 personnes, le reste du partage de 229 par 2 donnerait 1 et non 19 (puisque 229 = 2 x 114 + 1) : on peut éliminer 2,

Si le groupe contenait 3 personnes, le reste du partage de 229 par 3 donnerait 1 et non 19 (puisque 229 = 3 x 76 + 1) : on peut éliminer 3,

Si le groupe contenait 6 personnes, le reste du partage de 229 par 6 donnerait 1 et non 19 (puisque 229 = 6 x 38 + 1) : on peut éliminer 6,

Si le groupe contenait 7 personnes, le reste du partage de 229 par 7 donnerait 5 et non 19 (puisque 229 = 7 x 32 + 5) : on peut éliminer 7,

Si le groupe contenait 14 personnes, le reste du partage de 229 par 14 donnerait 5 et non 19 (puisque 229 = 14 x 16 + 5) : on peut éliminer 14,

Si le groupe contenait 21 personnes, le reste du partage de 229 par 21 donnerait bien 19 (puisque 229 = 21 x 10 + 19) : on peut déduire que le groupe contient 21 personnes.

De même 474 = 21 x 22 + 12. Donc en partageant 474€ entre 21 personnes, il reste bien 12€.

Le groupe recherché contient donc 21 personnes.

Le difficile choix du carrelage

Une piscine rectangulaire mesure 3,36 m par 7,80 m et a une profondeur de 1,44 m. On désire la carreler avec des carreaux carrés tous identiques. Le carreleur ne veut pas faire de découpes de carreaux et préfère les grands carreaux, car ils sont plus faciles à poser. Son fournisseur a toutes les tailles de carreaux en nombre entier de centimètres.

<u>*Exercice*</u> *: il vous est demandé de déterminer la taille des carreaux à commander.*

Pour débuter, la taille des carreaux est exprimée en centimètres alors que les dimensions de la piscine sont données en mètres. Il faut donc harmoniser les unités. Généralement, il est préférable de choisir la plus petite unité : ici, nous prendrons donc le centimètre. Notre piscine mesure ainsi 336 cm par 780 cm avec une profondeur de 144 cm.

Les carreaux de carrelage que nous choisirons devront être carrés.

Pour avoir un nombre de carreaux entier sur une largeur de 336 cm, il faut que 336 soit divisible par la dimension d'un carreau de carrelage. En effet, si 336 n'est pas divisible par la dimension d'un carreau de carrelage, cela signifie que la division a un reste et qu'il faut donc faire une découpe d'un carreau de carrelage.

Comme lors de l'exercice précédent, on cherche à décomposer au maximum 336.

On peut écrire que 336 = 3 x 112 = 3 x 4 x 28 = 3 x 4 x 4 x 7 = 2 x 2 x 2 x 2 x 3 x 7

Ainsi en faisant des regroupements comme dans l'exercice précédent :

336 = 2 x 168
336 = 3 x 112
336 = 7 x 48
336 = 4 x 84
336 = 6 x 56
336 = 8 x 42
336 = 14 x 24
336 = 12 x 28
336 = 16 x 21

Les diviseurs de 336 sont donc 2, 3, 4, 6, 7, 8, 12, 14, 16, 21, 24, 28, 42, 48, 56, 84, 112 et 168. Cela signifie que la largeur de la piscine pourra être carrelée avec un nombre entier de carreaux, si ceux-ci ont une largeur égale à l'un des nombres ci-dessus.

De la même façon, pour avoir un nombre de carreaux entier sur une longueur de 780 cm, il faut que 780 soit divisible par la dimension d'un carreau de carrelage. En effet, si 780 n'était pas divisible par la dimension d'un carreau de carrelage, cela signifierait que la division a un

reste et qu'il faut donc faire une découpe d'un carreau de carrelage.
Nous recherchons les diviseurs de 780 en écrivant que :
780 = 10 x 78 = 5 x 2 x 2 x 39 = 5 x 2 x 2 x 3 x 13

Ainsi 780 = 2 x 390
780 = 3 x 260
780 = 5 x 156
780 = 13 x 60
780 = 4 x 195
780 = 6 x 130
780 = 10 x 78
780 = 12 x 65
780 = 20 x 39
780 = 26 x 30
780 = 15 x 52

Les diviseurs de 780 sont donc 2, 3, 4, 5, 6, 10, 12, 13, 15, 20, 26, 30, 39, 52, 60, 65, 78, 130, 156, 195, 260 et 390. Cela signifie que la longueur de la piscine pourra être carrelée avec un nombre entier de carreaux, si ceux-ci ont une longueur égale à l'un des nombres ci-dessus.

Enfin, pour avoir un nombre de carreaux entier sur une hauteur de 144 cm, il faut que 144 soit divisible par la dimension d'un carreau de carrelage. En effet, si 144 n'était pas divisible par la dimension d'un carreau de carrelage, cela signifierait que la division a un reste et qu'il faut donc faire une découpe d'un carreau de carrelage.
Nous recherchons les diviseurs de 144 en écrivant que :
144 = 3 x 48 = 3 x 4 x 12 = 3 x 2 x 2 x 2 x 2 x 3

Ainsi 144 = 2 x 72
144 = 3 x 48
144 = 4 x 36
144 = 6 x 24
144 = 8 x 18
144 = 9 x 16
144 = 12 x 12

Les diviseurs de 144 sont donc 2, 3, 4, 6, 8, 9, 12, 16, 18, 24, 36, 48 et 72. Cela signifie que la hauteur de la piscine pourra être carrelée avec un nombre entier de carreaux, si ceux-ci ont une hauteur égale à l'un des nombres ci-dessus.

Dans la mesure où les carreaux de carrelage sont carrés, ils ont la même dimension en largeur et en longueur. Il faut donc retenir les nombres qui sont à la fois diviseurs de 336, 780 et 144. Dans les listes ci-dessus, seuls les nombres 2, 3, 4, 6, et 12 peuvent correspondre (ils sont présents dans les 3 listes).

Dans l'énoncé, il est précisé que le carreleur souhaite des grands carreaux : le meilleur choix possible consiste à utiliser des carreaux carrés de 12 x 12 x 12 cm de côté.

Les fractions

S'il existe un sujet mathématique qui est souvent cité comme celui qui a déclenché une phobie des maths à des générations d'écoliers, il s'agit sans aucun doute des fractions. Sujet ésotérique par excellence, on nous dit que les fractions sont parfaitement adaptées aux problèmes de la vie quotidienne lorsqu'on découpe des parts de gâteaux, on nous explique qu'il y a un numérateur, un dénominateur, que pour effectuer des calculs il faut les mettre au même dénominateur ... sauf que dans les faits, cette notion est complexe pour tout le monde. Le chapitre qui suit a pour ambition de vous réconcilier définitivement avec les fractions et de vous montrer que la vie quotidienne regorge d'opportunités d'utiliser des fractions parfois sans même le savoir.

Qu'est ce qu'une fraction ?

Le roi des cocktails

Supposons que vous organisiez une soirée avec des amis et que, pour l'occasion, vous vous décidiez à élaborer un célèbre cocktail appelé Bloody Mary dont voici la composition :

8 volumes de Vodka,
24 volumes de jus de tomate,
1 volume de jus de citron,
1 volume de sauce Worcestershire,
Quelques gouttes de Tabasco,
Sel de céleri,
Poivre.

Exercice : il vous est demandé de déterminer les quantités d'ingrédients à utiliser pour préparer 3 litres de ce cocktail.

Cette recette est composée de 4 liquides que sont la vodka, le jus de tomate, le jus de citron et la sauce Worcestershire. Les autres ingrédients (Tabasco, sel et poivre) sont destinés à corriger l'assaisonnement. Si l'on additionne les volumes de liquides donnés dans la recette, nous avons 8 (vodka) + 24 (tomate) + 1 (citron) + 1 (sauce) soit 34 volumes.

Cela signifie que dans 34 litres de cocktail, il y aurait 8 litres de Vodka, 24 litres de jus de tomate, 1 litre de jus de citron et 1 litre de sauce Worcestershire.

Dit autrement, cela signifie qu'une quantité donnée de cocktail contiendra :

8 / 34 de vodka,
24 / 34 de jus de tomate,
1 / 34 de jus de citron,
1 / 34 de sauce Worcestershire

Ces quantités sont appelées des fractions.

Une **fraction** s'écrit sous la forme : A/B où A s'appelle le **numérateur** et B le **dénominateur**.

Une fraction correspond à une **division** dans laquelle le nombre A est divisé par le nombre B.

Dans notre exemple, cela signifie que quel que soit le volume de cocktail que l'on prend, on peut le « découper » en 34 unités. Parmi ces 34 unités, 8 seront de la vodka, 24 seront du jus de tomate, 1 sera du jus de citron et 1 sera de la sauce Worcestershire.

On dira que ce cocktail contient 8 34ème de vodka, 24 34ème de jus de tomate, 1 34ème de jus de citron et 1 34ème de sauce Worcestershire.

Il nous faut maintenant déterminer les quantités de chaque produit pour préparer 3 L de cocktail.

Nos 3 L de cocktail peuvent être découpés en 34 unités soit 3 / 34 « lots » de cocktail,

Pour la vodka, chaque lot (3/34) contient 8 unités de vodka soit 8 X 3 / 34 = 24 / 34 de vodka,

Pour le jus de tomate, chaque lot (3/34) contient 24 unités de tomate soit 24 x 3 / 34 = 72 / 34 de tomate,

Pour le jus de citron, chaque lot (3/34) contient 1 unité de citron soit 1 x 3 / 24 = 3 / 34 de citron,

Pour la sauce Worcestershire, chaque lot (3/34) contient 1 unité de sauce soit 1 x 3 / 34 = 3 / 34 de sauce.

On s'aperçoit ainsi que lorsque les ingrédients sont mis sous la forme d'une fraction, il suffit de multiplier cette fraction par le volume de cocktail que l'on souhaite préparer afin d'obtenir la quantité à utiliser pour chaque ingrédient.

Pour préparer 3 L de Bloody Mary, il nous faut ainsi :
24 / 34 = 0,7 L de vodka,
72 / 34 = 2,1 L de jus de tomate,
3 / 34 = 0,09 L de jus de citron,
3 / 34 = 0,09 L de sauce Worcestershire

Grâce au tableau de conversion suivant il est possible d'exprimer les quantités de liquide exprimées en litres

(L) en une unité plus facilement mesurable (cL ou mL par exemple) :

	L	**dL**	**cL**	**mL**
Vodka	0,	7	0	0
Jus de tomates	2,	1	0	0
Jus de citron	0,	0	9	0
Sauce Worcestershire	0,	0	9	0

Pour préparer 3 L de Bloody Mary, il nous faut ainsi :

0,7 L = 70 cL = 700 mL de vodka,
2,1 L = 210 cL = 2100 mL de jus de tomate,
0,09 L = 9 cL = 90 mL de jus de citron,
0,09 L = 9 cL = 90 mL de sauce Worcestershire.

Calculer avec des fractions

Maison à vendre

Un appartement de 86 m^2 est proposé à la vente à un prix de 162 000 €.

Exercice : il vous est demandé de déterminer le prix du m^2 de cet appartement.

Cet appartement a une superficie de 86 m^2, cela signifie qu'il peut être découpé en 86 petits morceaux de 1 m^2 chacun. Pour résoudre notre problème nous devons trouver le prix de l'un de ces petits morceaux de 1 m^2.

Pour ce faire, nous divisons le prix de l'appartement (162 000 €) par les 86 petits morceaux de 1 m^2 ce qui donne 162 000 / 86.

Nous avons ici une fraction dont le numérateur est 162000 et le dénominateur est 86. Le calcul de cette fraction donne 1884 (arrondi).

Cet appartement est donc proposé à un prix de 1884 € par m^2.

On prend un crédit ?

Un concessionnaire automobile propose un véhicule à des conditions avantageuses : le client paye un tiers du véhicule le jour de l'achat et le reste en 24 mensualités sans frais. Le véhicule coûte 20520 €.

Exercice : il vous est demandé de déterminer le montant à verser le jour de l'achat puis le montant de chaque mensualité.

Le client doit payer un tiers du véhicule le jour de l'achat ce qui correspond à une fraction de 1 / 3.
Cela signifie aussi qu'il lui restera à payer 2 / 3 du véhicule au cours des 24 mensualités suivantes.

Le prix du véhicule est de 20520 €.

Prendre une fraction d'une quantité, c'est multiplier la fraction par la quantité.

Pour multiplier une fraction A / B par un nombre C : C x (A / B)

On calcule A x C puis on divise le résultat par B : (A x C) / B

1 / 3 du prix du véhicule correspond à 20520 x (1 / 3) = (20520 x 1) / 3 = 20520 / 3 = 6840
2 / 3 du prix du véhicule correspond à 20520 x (2 / 3) = (20520 x 2) / 3 = 41040 / 3 = 13680

Cela signifie que le client devra payer 6840 € le jour de l'achat puis 13680 € en 24 mensualités.

Il s'agit à présent de déterminer combien le client devra payer à chaque mensualité.

Pour ce faire, nous divisons le prix restant à payer (13680) par le nombre de mensualités (24) ce qui donne la fraction suivante 13680 / 24. Le calcul de cette fraction donne 570.

Nous avons ainsi toutes les réponses au problème posé : le client payera 6840 € le jour de l'achat du véhicule puis 570 € par mois pendant 24 mois.

C'est pour un sondage

252 salariés sont interrogés sur leur mode de restauration méridienne lorsqu'ils sont au travail.

1 / 6 des salariés déclare ne jamais manger à la cantine,
3 / 7 des salariés ne mange qu'une fois par semaine à la cantine,
3 / 14 des salariés déclare manger deux fois par semaine à la cantine,
Le reste des salariés mange plus de deux fois par semaine à la cantine.

<u>Exercice</u> : il vous est demandé de déterminer combien de salariés figurent dans chaque catégorie.

On nous dit que 1/6 des salariés ne mange jamais à la cantine. Cela signifie que si l'on partage la totalité des salariés en groupes de 6, 1 salarié de chaque groupe ne mangerait pas à la cantine. Cela revient à poser le calcul suivant : 252 x (1 / 6)

252 x (1 / 6) = 252 / 6 = 42

De même on nous dit que 3/7 des salariés mange une fois par semaine à la cantine. Cela signifie que si l'on partage la totalité des salariés en groupes de 7, 3 salariés de chaque groupe mangeraient une fois par semaine à la cantine. Cela revient à poser le calcul suivant : 252 x (3 / 7)

252 x (3 / 7) = (252 x 3) / 7 = 756 / 7 = 108

De même on nous dit que 3/14 des salariés mange deux fois par semaine à la cantine. Cela signifie que si l'on partage la totalité des salariés en groupes de 14, 3 salariés de chaque groupe mangeraient deux fois par semaine à la cantine. Cela revient à poser le calcul suivant : 252 x (3 / 14)

252 x (3 / 14) = (252 x 3) / 14 = 756 / 14 = 54

On en déduit donc que :

42 salariés ne mangent jamais à la cantine,
108 salariés mangent une fois par semaine à la cantine,
54 salariés mangent deux fois par semaine à la cantine,

Tous les salariés restant (252 – 42 – 108 – 54 = 48) mangent ainsi plus de deux fois par semaine à la cantine.

Comparer des fractions

L'héritage d'un original

Un grand oncle rédige son testament et décide de céder tous ses biens à ses neveux. Néanmoins il a divisé ses biens en portions étranges :

3 / 12 3 / 4 3 / 8 5 / 6 1 / 3

Exercice : il vous est demandé de déterminer qui touchera la plus grande part.

Nous avons ici 5 fractions qu'il faut comparer en les rangeant de la plus petite à la plus grande ou inversement. Le problème est que, sans calculatrice, il est plutôt compliqué de savoir si 3 / 4 est plus grand ou plus petit que 5 / 6 ... Ce serait nettement plus simple de les comparer si ces fractions possédaient le même dénominateur : en effet, si je vous donne 2 / 6 et 5 / 6, il est évident que 5 / 6 est plus grand que 2 / 6 car on obtient plus en coupant 5 en 6 parts (5 / 6) qu'en coupant 2 en 6 parts (2 / 6).

Lorsque l'on souhaite **comparer deux fractions**, il faut toujours les mettre au même dénominateur.

Lorsque deux fractions sont au même dénominateur, la **plus grande des deux** est celle qui possède le **numérateur le plus grand.**

Dans notre exemple, nous avons 5 fractions avec 5 dénominateurs différents : 12 ; 4 ; 8 ; 6 et 3. Pour mettre ces fractions au même dénominateur, il faut chercher un nombre commun à la fois à 12, à 4, à 8, à 6 et à 3 … Autrement dit, quel nombre figure à la fois dans la table de multiplication de 12, de 4, de 8, de 6 et de 3 ?

Il s'agit du nombre 24 car :
12 x 2 = 24,
4 x 6 = 24,
8 x 3 = 24,
6 x 4 = 24,
3 x 8 = 24.

Si on souhaite exprimer 3 / 12 en une fraction dont le dénominateur est 24 : on doit multiplier le dénominateur (12) par 2 (car 12 x 2 = 24). Dans ce cas, on multiplie aussi le numérateur par 2.

Ainsi 3 / 12 = (3 x 2) / (12 x 2) = 6 / 24
On constate ainsi que diviser 3 en 12 parts donne le même résultat que si on divise 6 en 24 parts !

Une fraction ne change pas quand on multiplie son numérateur A et son dénominateur B par un même nombre non nul C.

Ainsi **A / B = (A x C) / (B x C)**

De la même façon pour exprimer la fraction 3 / 4 en une fraction dont le dénominateur est 24 : je dois multiplier en haut et en bas par 6, d'où :

3 / 4 = (3 x 6) / (4 x 6) = 18 / 24

De la même façon pour exprimer la fraction 3 / 8 en une fraction dont le dénominateur est 24 : je dois multiplier en haut et en bas par 3, d'où :

3 / 8 = (3 x 3) / (8 x 3) = 9 / 24

Pour exprimer la fraction 5 / 6 en une fraction dont le dénominateur est 24 : je dois multiplier en haut et en bas par 4, d'où :

5 / 6 = (5 x 4) / (6 x 4) = 20 / 24

Pour exprimer la fraction 1 / 3 en une fraction dont le dénominateur est 24 : je dois multiplier en haut et en bas par 8, d'où :

1 / 3 = (1 x 8) / (3 x 8) = 8 / 24

Ainsi on en déduit que comparer :

3 / 12 3 / 4 3 / 8 5 / 6 1 / 3

Revient à comparer :

6 / 24 18 / 24 9 / 24 20 / 24 8 / 24

Maintenant que toutes ces fractions ont le même dénominateur, il est plus aisé de classer ces fractions de la plus grande à la plus petite car il suffit de comparer leurs numérateurs, ce qui donne :

20 / 24   18 / 24   9 / 24   8 / 24   6 / 24

En reprenant les fractions d'origine, les voici rangées de la plus grande à la plus petite :

5 / 6   3 / 4   3 / 8   1 / 3   3 / 12

Simplifier des fractions

Une partie de Scrabble® ?

Le Scrabble® est un jeu de lettres très populaire composé de jetons chacun marqué d'une lettre de l'alphabet. La répartition des jetons dans la boite de jeu est la suivante :

Lettre	E	A	I	N O R S T U	L	D M	B C F G H P V Blanc	J K Q W X Y Z
Quantité	15	9	8	6	5	3	2	1

Exercice : il vous est demandé de déterminer le nombre total de jetons dans la boite.

Le piège consiste ici à additionner directement tous les chiffres figurant sur la ligne « Quantité » car, dans ce cas, vous obtiendrez moins de jetons qu'il y en a en réalité. Pourquoi ?

Parce que la colonne contenant les lettres N O R S T et U indique 6 jetons. Or ce sont 6 jetons pour chacune des 6 lettres. Il y a donc 6 jetons pour la lettre N, 6 jetons pour la lettre O etc.... Ainsi les 6 lettres N O R S T et U représentent à elles seules 6 x 6 = 36 jetons.

De même, les 2 lettres D et M (3 jetons pour chacune) représentent à elles seules 2 x 3 = 6 jetons.

De la même façon :
Les 8 lettres B C F G H P V et Blanc représentent à elles seules 8 x 2 = 16 jetons,
Les 7 lettres J K Q W X Y et Z représentent à elles seules 7 x 1 = 7 jetons.

Au total nous avons donc :
15 + 9 + 8 + 36 + 5 + 6 + 16 + 7 = 102 jetons dans une boite de Scrabble®.

Exercice : il vous est demandé de déterminer quelle fraction de jetons est marquée par la lettre V.

Il y a un total de 102 jetons dans la boite. Parmi ces 102 jetons, 16 sont marqués de la lettre V. Cela correspond à une fraction de 16 / 102.

Exercice : il vous est demandé de déterminer quelle fraction de jetons est marquée par la lettre E.

Il y a un total de 102 jetons dans la boite. Parmi ces 102 jetons, 15 sont marqués de la lettre E. Cela correspond à une fraction de 15 / 102.

Notez que cette fraction peut être simplifiée. En effet, le numérateur (15) est un multiple de 3 (car 15 = 3 x 5), et le dénominateur (102) est aussi un multiple de 3 (car 102 = 3 x 34).
On peut donc écrire que 15 / 102 = (3 x 5) / (3 x 34).

Dans une telle fraction qui ne contient que des multiplications, on peut supprimer les chiffres identiques au numérateur et au dénominateur (ici le 3) sans que cela ne change la valeur de la fraction.
Ce qui signifie que 15 / 102 = 5 / 34 (vous pouvez vérifier cette égalité à la calculatrice).

On dit qu'on a simplifié la fraction 15 / 102 en l'écrivant sous une forme telle qu'on ne peut plus trouver un nombre commun au numérateur et au dénominateur.

Exercice : les fractions 11 / 143 ; 6 / 16 ; 10 / 75 et 9 / 13 sont-elles simplifiables ?

Pour savoir si une fraction est simplifiable, il faut tout d'abord chercher s'il est possible de décomposer le numérateur et le dénominateur de façon à y faire apparaître un nombre identique.

Par exemple, pour la fraction 11 / 143, est-il possible de faire apparaître un nombre identique en décomposant 11 et en décomposant 143 ? 11 n'est pas divisible par un autre nombre que lui-même (11 = 11 x 1). Si 11 / 143 est simplifiable, la seule façon de procéder est donc de décomposer 143 pour y faire apparaître un 11. Or 143 = 11 x 13.

Donc 11 / 143 = (11 x 1) / (11 x 13), on peut supprimer le 11 en haut et en bas et il reste 1 / 13. On en déduit que 11 / 143 = 1 / 13 (et il n'est pas possible de simplifier davantage 1 / 13).

Si l'on suit le même raisonnement pour 6 / 16, on peut écrire que 6 / 16 = (2 x 3) / (2 x 8). En supprimant le 2 en haut et en bas il reste 3 / 8. Donc 6 / 16 est simplifiable en 3 / 8.

De même 10 / 75 = (2 x 5) / (15 x 5). En supprimant le 5 en haut et en bas il reste 2 / 15. Donc 10 / 75 est simplifiable en 2 / 15.

Quant à 9 / 13, cette fraction n'est pas simplifiable car le dénominateur (13) n'est pas divisible par un autre nombre que lui-même. De son côté 9 ne peut pas être décomposé avec un multiple de 13.

Une **fraction peut être simplifiée** s'il est possible de décomposer le numérateur et le dénominateur pour y faire apparaître un nombre commun.

Par exemple, la fraction A / B est simplifiable s'il est possible de l'écrire sous la forme (a x c) / (b x c).

La fraction simplifiée sera alors a / b.

Et on aura A / B = a / b.

Comment multiplier des fractions entre elles ?

Le fromager

En une journée, un fromager a vendu 3 / 4 de ses fromages le matin puis 2 / 3 du reste l'après-midi.

Exercice : il vous est demandé de déterminer quelle fraction de ses fromages il lui reste à midi puis quelle fraction de ses fromages, il a vendu l'après-midi ?

Le fromager a vendu 3 / 4 de ses fromages le matin signifie que s'il avait 4 fromages en début de journée, il en aurait vendu 3 le matin. 1 fromage sur les 4 serait resté pour être vendu l'après-midi. Donc à midi, il reste au fromager 1 / 4 de ses fromages.

L'après-midi, il vend 2 / 3 de ce qui lui reste, c'est-à-dire 2 / 3 de 1 / 4. Dans l'exercice « On prend un crédit ? », nous avons vu que prendre une fraction d'une quantité, c'est multiplier la fraction par la quantité. Ainsi 2 / 3 de 1 / 4 revient à écrire (2 / 3) x (1 / 4).

Pour **multiplier deux fractions**, on multiplie les numérateurs entre eux et les dénominateurs entre eux.

Ainsi (A / B) x (C / D) = (A x C) / (B x D).

Donc (2 / 3) x (1 / 4) = (2 x 1) / (3 x 4) = 2 / 12.

Or 2 / 12 peut être simplifié car 2 / 12 = (2 x 1) / (2 x 6) = 1 / 6.

On en déduit que l'après-midi, le fromager a vendu 1 / 6 de ses fromages.

Comment additionner des fractions ?

Le meilleur pâtissier

Un pâtissier a préparé 15 kg de pâte à gâteau. Le matin, il utilise 3 / 8 de cette pâte pour préparer les gâteaux qui orneront sa vitrine. L'après-midi, il utilise 5 / 24 de cette pâte pour réaliser une pièce montée.

Exercice : il vous est demandé de déterminer quel poids de pâte il a utilisé au cours de la journée et quel poids de pâte il lui reste en fin de journée ?

En une journée, le pâtissier a utilisé 3 / 8 + 5 / 24 de pâte.

Pour **additionner deux fractions**, il faut tout d'abord les mettre au même dénominateur.

Puis on additionne les numérateurs entre eux. Le dénominateur reste inchangé.

Ainsi (A / B) + (C / B) = (A + C) / B

Donc pour calculer (3 / 8) + (5 / 24), nous devons mettre ces deux fractions au même dénominateur. En constatant que 24 = 8 x 3, on peut écrire : 3 / 8 = (3 x 3) / (8 x 3) = 9 / 24

Donc (3 / 8) + (5 / 24) = (9 / 24) + (5 / 24).

Les fractions étant au même dénominateur, on peut maintenant les additionner très simplement en additionnant les numérateurs :

(9 / 24) + (5 / 24) = (9 + 5) / 24 = 14 / 24.

Enfin, on peut simplifier cette fraction en constatant que 14 / 24 = (7 x 2) / (12 x 2) = 7 / 12

En une journée, le pâtissier a donc utilisé 7 / 12 de la pâte préparée le matin. Le soir, il lui en reste donc 5 / 12.

Dans l'exercice « On prend un crédit ? », nous avons vu que prendre une fraction d'une quantité, c'est multiplier la fraction par la quantité.

Le matin, la pâtissier a préparé 15 kg de pâte et il en a utilisé 7 / 12 dans la journée c'est-à-dire 15 x (7 / 12) = (15 x 7) / 12 = 105 / 12. A la calculatrice, on trouve 8,75.

Le soir, il lui reste 5 / 12 de ce qu'il a préparé soit 15 x (5 / 12) = (15 x 5) / 12 = 75 / 12. A la calculatrice, on trouve 6,25.

On en déduit que, sur une préparation de 15 kg de pâte, le pâtissier en a utilisé 8,75 kg durant la journée et qu'il lui en reste 6,25 kg le soir.

Un ami généreux

Matthieu a remporté un gain à la loterie. Il décide d'en faire profiter trois de ses amis. A Jean, il donne 1 / 8 de ses gains, à Luc il donne 1 / 6 de ses gains, à Marc il donne 1 / 5 de ce qu'il n'a pas encore distribué et il garde le reste pour lui.

Exercice : il vous est demandé de déterminer quelle fraction de ses gains il reste à Matthieu ?

Le but de cet exercice est de déterminer la fraction des gains reçue par chacun des amis.

Matthieu a distribué 1 / 8 puis 1 / 6 de ses gains à Jean et Luc. Cela représente 1 / 8 + 1 / 6. On a vu que pour additionner deux fractions, il faut les mettre au même dénominateur. Ici le dénominateur commun à 6 et à 8 est 24 car 24 = 8 x 3 et 24 = 6 x 4.

Donc 1 / 8 + 1 / 6 = (1 x 3) / (8 x 3) + (1 x 4) / (6 x 4) = 3 / 24 + 4 / 24 = 7 / 24.

Matthieu a donc distribué 7 / 24 de ses gains à Jean et Luc. Il lui reste donc 24 / 24 – 7 / 24 = 17 / 24 de ses gains.

A Marc, il donne 1 / 5 de ce qu'il n'a pas distribué c'est-à-dire 1 / 5 de 17 / 24 soit (1 / 5) x (17 / 24) = (1 x 17) / (5 x 24) = 17 / 120.

On a exprimé la part de Jean et Luc en 24ème (3 / 24 et 4 / 24) or la part de Marc est exprimée en 120ème (17 / 120). Pour pouvoir comparer ces parts, il faut donc toutes les mettre au même dénominateur. Ici le dénominateur commun est 120 car 120 = 24 x 5.

La part de Jean est 3 / 24 = (3 x 5) / (24 x 5) = 15 / 120

La part de Luc est 4 / 24 = (4 x 5) / (24 x 5) = 20 / 120

La part de Marc est 17 / 120

Les trois amis ont donc reçu 15 / 120 + 20 / 120 + 17 / 120 = 52 / 120

Matthieu a quant à lui reçu le reste soit 120 / 120 – 52 / 120 = 68 / 120.

Nombres relatifs

Que ce soit dans votre journal ou à la télévision, les prévisions météorologiques affichent les températures dans différentes villes du pays. Si en été, les températures sont positives, en hiver vous voyez souvent apparaître des températures précédées d'un signe moins (-). Toutes les températures sont comparées à 0°C. Si elles sont supérieures à 0°C, elles sont positives ; si elles sont inférieures à 0°C, elles sont négatives et donc précédées d'un signe moins (-).

La position d'un **nombre relatif** est repérée par rapport au 0 :
ainsi un nombre supérieur à 0 sera positif alors qu'un nombre inférieur à 0 sera négatif.

Classer et calculer avec des nombres relatifs

Dans ce chapitre, nous allons apprendre à manipuler ces nombres relatifs et à effectuer des calculs au travers d'exemples tirés du quotidien.

Les prévisions météorologiques

Voici les prévisions de températures relevées dans un journal durant l'hiver :

Ville	Température matin (°C)	Température après-midi (°C)
Paris	-4	2
Ajaccio	6	14
Nancy	-9	-1
Bordeaux	8	10

Exercice : il vous est demandé de classer ces villes de la plus froide à la plus chaude le matin.

Plus la température est basse et plus il fait froid. Ainsi les villes les plus froides seront celles dont la température est négative.

Lorsqu'on compare **deux nombres négatifs**, le plus petit est celui qui est le plus éloigné de 0

Les villes les plus froides sont Paris et Nancy (températures négatives) mais -9 est plus éloigné de 0 que -4, c'est donc Nancy qui est la ville la plus froide.

Plus la température est haute et plus il fait chaud. Ainsi les villes les plus chaudes seront celles dont la température est positive.

Lorsqu'on compare **deux nombres positifs**, le plus grand est celui qui est le plus éloigné de 0

Les villes les plus chaudes sont Ajaccio et Bordeaux (températures positives) mais 8 est plus éloigné de 0 que 6, c'est donc Bordeaux qui est la ville la plus chaude.

Ainsi le classement des villes de la plus froide à la plus chaude le matin est Nancy, Paris, Ajaccio puis Bordeaux.

Exercice : il vous est demandé de classer ces villes de la plus froide à la plus chaude l'après-midi.

La ville la plus froide est Nancy (la seule température négative).

Les villes les plus chaudes sont Paris, Ajaccio et Bordeaux (températures positives) mais 14 (Ajaccio) est plus éloigné de 0 que 10 (Bordeaux), qui est à son tour plus éloigné de 0 que 2 (Paris).

Ainsi le classement des villes de la plus froide à la plus chaude l'après-midi est Nancy, Paris, Bordeaux puis Ajaccio.

<u>Exercice</u> : *il vous est demandé de calculer l'écart de température entre le matin et l'après-midi dans chacune de ces villes.*

Pour **additionner deux nombres relatifs** :

S'ils ont le même signe, on additionne leurs distances à zéro et on garde le signe commun.

S'ils sont de signes contraires, on soustrait leurs distances à zéro et on prend le signe de celui qui a la plus grande distance à zéro.

Exemples :

Si on veut calculer (-5) + (-7) → on additionne deux nombres de même signe,
On additionne leurs distances à 0 soit 5 + 7 = 12,
On garde le signe commun soit (-) moins,
Ce qui donne -12.

On veut calculer (5) + (-7) → on additionne deux nombres de signe contraire,
On soustrait leur distance à 0 soit 7 – 5 = 2,

On prend le signe de celui qui a la plus grande distance à 0 soit – (moins) puisque 7 a une plus grande distance à 0 que 5, on garde le signe de -7,
Ce qui donne -2.

Pour **soustraire deux nombres relatifs** :

Soustraire un nombre relatif revient à additionner son opposé.

Exemple :

On veut calculer (-5) - (-7) → on veut soustraire le nombre -7,
On additionne l'opposé de -7 soit (-5) + 7
On revient à l'addition de deux nombres de signes contraires → on calcule 7 – 5 = 2 et on garde le signe du nombre le plus éloigné de 0 c'est à dire le signe de 7 qui est positif.
Ce qui donne (-5) – (-7) = 2.

Revenons-en à notre problème et commençons par Ajaccio ; l'écart entre la température de l'après-midi et celle du matin est donné par 14 – 6 = 8. La température augmente donc de 8°C entre le matin et l'après-midi.

Pour Bordeaux ; l'écart entre la température de l'après-midi et celle du matin est calculé par 10 – 8 = 2. La température augmente donc de 2°C entre le matin et l'après-midi.

Pour Nancy ; l'écart entre la température de l'après-midi et celle du matin correspond à l'écart entre -9 et -1 soit (-1) – (-9).
On calcule ici la différence de 2 nombres relatifs, ce qui donne en appliquant la règle « soustraire un nombre relatif revient à additionner son opposé » :

$(-1) - (-9) = (-1) + 9$

On additionne à présent 2 nombres relatifs de signe contraire, ce qui donne en appliquant la règle « on soustrait leurs distances à zéro et on prend le signe de celui qui a la plus grande distance à zéro » :

$9 - 1 = 8$ et on garde le signe + (car la distance à 0 de 9 est supérieure à la distance à 0 de -1)

Donc $(-1) - (-9) = 8$

On en déduit que la température augmente donc de 8°C entre le matin et l'après-midi.

Pour Paris ; l'écart entre la température de l'après-midi et celle du matin correspond à l'écart entre 2 et (-4) soit 2 – (-4). On calcule ici la différence de 2 nombres relatifs, ce qui donne en appliquant la règle « soustraire un nombre relatif revient à additionner son opposé » :

$2 - (-4) = 2 + 4 = 6$

La température augmente donc de 6°C entre le matin et l'après-midi.

Histoire et chronologie

De nombreux personnages ont marqué l'histoire de l'Humanité au fil des siècles. Le tableau suivant recense l'année de naissance de quelques grandes figures historiques :

Personnage	Année de naissance
Napoléon	1769
Ramsès II	1303 av JC
Jules César	100 av JC
Louis XIV	1638
Socrate	470 av JC

<u>Exercice</u> : *il vous est demandé de classer ces personnages du plus ancien au plus récent.*

Lorsqu'il s'agit de date, le repère communément utilisé est la naissance de Jésus-Christ (JC) placée en l'an 0. Dès lors, toute date antérieure à la naissance de Jésus Christ sera précédée d'un signe moins (-) et toute date postérieure à la naissance de Jésus Christ sera précédée d'un signe plus (+). On peut donc réécrire le tableau de la façon suivante :

Personnage	Année de naissance
Napoléon	+1769
Ramsès II	-1303
Jules César	-100
Louis XIV	+1638
Socrate	-470

Les personnages les plus anciens sont ceux pour lesquels l'année de naissance est négative c'est à dire Ramsès II (-1303), Jules César (-100) et Socrate (-470). Parmi ces trois personnages, le plus ancien est celui dont l'année de naissance a la distance à 0 la plus importante : il s'agit donc de Ramsès II suivi de Socrate puis Jules César.

Parmi les personnages les plus récents que sont Napoléon (+1769) et Louis XIV (+1638) celui dont l'année de naissance a la distance à 0 la plus importante est Napoléon.

Le classement de ces personnages du plus ancien au plus récent est le suivant :

Personnage	**Année de naissance**
Ramsès II	-1303
Socrate	-470
Jules César	-100
Louis XIV	+1638
Napoléon	+1769

Une plongée sous-marine

Une équipe est chargée de préparer un concours de plongée en apnée. Les concurrents qui descendront sous la mer devront respecter des paliers de décompression lors de leur remontée afin d'éviter tout accident de plongée. C'est pourquoi 7 bouées devront être placées long du parcours. Le lieu sur lequel se déroulera le concours a une profondeur de -140 mètres.

Exercice : il vous est demandé de déterminer les profondeurs auxquelles placer les bouées pour jalonner le parcours.

Le parcours total a une profondeur de -140 mètres et doit être divisé en tronçons égaux par 7 bouées. Pour connaître la distance entre chaque bouée, il faut effectuer la division suivante : -140 / 7.

Pour calculer **le quotient d'un nombre relatif par un nombre relatif non nul**, on divise leur distance à zéro et on applique la règle des signes suivante :

Le quotient de deux nombres relatifs de même signe est positif ;
Le quotient de deux nombres relatifs de signes contraires est négatif.

En appliquant cette règle à notre exemple :

On divise la distance à 0 de (-140) et de (+7) soit 140 / 7 = 20,
Les deux nombres sont de signes contraires, le résultat est donc négatif,

Donc (-140) / 7 = - 20

Ce qui signifie qu'une bouée devra être placée à -20 m de profondeur, la suivante à -40 m, puis à -60 m et ainsi de suite jusqu'à -140 m.

Voici également des règles de calcul utiles lors de multiplication de nombres relatifs :

Pour **multiplier deux nombres relatifs**, on multiplie leur distance à zéro et on applique la règle des signes suivante :

Le produit de deux nombres relatifs de même signe est positif ;
Le produit de deux nombres relatifs de signes contraires est négatif.

Le **produit de plusieurs nombres relatifs** est :

Positif s'il comporte un nombre pair de facteurs négatifs.
Négatif s'il comporte un nombre impair de facteurs négatifs.

Exemples :

Calculer (-5) x (-4) :

On calcule 5 x 4 = 20,
(-5) et (-4) sont de même signe, le résultat est donc positif,
Donc (-5) x (-4) = 20.

Calculer (-6) x (3) :

On calcule 6 x 3 = 18,
(-6) et 3 sont de signes contraires, le résultat est donc négatif,
Donc (-6) x 3 = - 18.

Calculer (-6) x (-5) x (4) :

On calcule 6 x 5 x 4 = 120,
Le produit comporte un nombre positif (4) et **deux** nombres négatifs (-6 et -5) → nombre **pair** de facteurs négatifs : le résultat est positif,
Donc (-6) x (-5) x (4) = 120.

Calculer (-3) x (-5) x (-2) :

On calcule 3 x 5 x 2 = 30,
Le produit comporte **trois** nombres négatifs (-3, -5 et -2) → nombre **impair** de facteurs négatifs : le résultat est négatif,
Donc (-3) x (-5) x (-2) = -30.

Carrés et Racines carrées

Qu'est ce que le carré d'un nombre ?

La sécurité routière

La distance de freinage est la distance nécessaire pour immobiliser un véhicule à l'aide des freins. Elle dépend de la vitesse et de l'état de la route (sèche ou mouillée).

On peut calculer cette distance à l'aide de la formule :

$$D = k \times V^2$$

Où :
D est la distance nécessaire au freinage (exprimée en mètres),
k est un coefficient qui vaut 0,0048 pour une route sèche et 0,0098 pour une route mouillée,
V est la vitesse du véhicule (exprimée en km/h).

Exercice : il vous est demandé de calculer la distance de freinage d'une voiture roulant à 90 km/h sur une route sèche puis sur une route humide.

Dans la formule ci-dessus, vous pouvez remarquer un petit ^{2} au dessus du V. Ainsi V^2 se lit : « V au carré ».

Le **carré** d'un nombre A s'écrit A^2.
Calculer A^2 revient à effectuer la multiplication A x A

Par exemple : $5^2 = 5 \times 5 = 25$ ou encore $4^2 = 4 \times 4 = 16$ ou encore $7^2 = 7 \times 7 = 49$.

Le premier calcul que nous devons effectuer concerne une voiture sur route sèche, c'est pourquoi :

Nous utiliserons la valeur de 0,0048 pour le coefficient k : k = 0,0048

La voiture roule à 90 km/h donc V = 90

La formule ci-dessus nous donne : $D = 0{,}0048 \times 90^2$ qui s'écrit aussi D = 0,0048 x 90 x 90

Ce qui donne D = 38,88 ; D est exprimé en mètres donc D = 38,88 mètres.

Cela signifie qu'une voiture roulant à 90 km/h sur une route sèche aura besoin d'environ 40 mètres pour s'immobiliser à partir du moment où le conducteur appuiera sur la pédale de frein.

Le deuxième calcul que nous devons effectuer concerne cette fois-ci une voiture roulant à 90 km/h (V = 90) sur une route humide, c'est pourquoi :

Nous utiliserons à présent la valeur de 0,0098 pour le coefficient k : $k = 0,0098$

La formule ci-dessus nous donne : $D = 0,0098 \times 90^2$ qui s'écrit aussi $D = 0,0098 \times 90 \times 90$

Ce qui donne $D = 79,38$ mètres.

Cela signifie qu'une voiture roulant à 90 km/h sur une route humide aura besoin d'environ 80 mètres pour s'immobiliser à partir du moment où le conducteur appuiera sur la pédale de frein.

On peut constater qu'une voiture roulant à 90 km/h aura besoin d'une distance de freinage 2 fois supérieure sur route humide que sur route mouillée pour s'immobiliser. Cela explique que les limitations de vitesse puissent être différentes sur les routes selon les conditions climatiques.

Qu'est ce que la racine carrée d'un nombre ?

La sécurité routière (suite)

Exercice : Un conducteur ne laisse devant lui qu'une distance de freinage 20 mètres. Il vous est demandé de calculer la vitesse maximale à laquelle il peut rouler sur route sèche puis sur route humide pour ne pas risquer d'accident.

Etudions tout d'abord le cas où le conducteur roule sur route sèche, dans ces conditions :

k = 0,0048
D = 20 mètres (la distance de freinage maximale sans risquer de heurter la voiture qui le précède)

En remplaçant ces éléments dans la formule, on obtient : $20 = 0{,}0048 \times V^2$

Nous souhaitons obtenir dans un premier temps la valeur de V^2 :

Il faut diviser l'expression de droite ($0{,}0048 \times V^2$) par 0,0048 pour n'avoir plus que V^2 ;
Dans ce cas, il faut également diviser l'expression de gauche par 0,0048 pour ne pas changer l'égalité.

On peut donc écrire que $V^2 = 20 / 0{,}0048$

Donc $V^2 = 4167$

Donc $V = \sqrt{4167}$

$\sqrt{A}$ est appelé « **racine carrée de A** »
La racine carrée du nombre A est le nombre qui multiplié par lui-même donne A

Par exemple :
$\sqrt{49} = 7$ car $7 \times 7 = 49$; ou encore $\sqrt{25} = 5$ car $5 \times 5 = 25$; ou encore $\sqrt{64} = 8$ car $8 \times 8 = 64$.

Pour calculer une racine carrée, il existe une touche spécifique sur la calculatrice, il suffit de rentrer le nombre (ici 4167) puis d'appuyer sur la touche $\sqrt{}$.
On trouve que V = 64,5 km/h.

Ainsi un automobiliste qui ne laisse que 20 mètres devant lui peut rouler à 64 km/h maximum sur route sèche sans risque de collision avec le véhicule qui le précède s'il freine brusquement.

Réalisons le même calcul si le conducteur roule à présent sur route humide, dans ces conditions :

k = 0,0098 (coefficient pour route humide)
D = 20 mètres (la distance de freinage maximale sans risquer de heurter la voiture qui le précède)

En remplaçant ces éléments dans la formule, on obtient : $20 = 0{,}0098 \times V^2$

Donc $V^2 = 20 / 0{,}0098$

Donc $V^2 = 2040{,}8$

Donc $V = \sqrt{2040{,}8}$
Soit V = 45 km/h (valeur arrondie)

Ainsi un automobiliste qui ne laisse que 20 mètres devant lui peut rouler à 45 km/h maximum sur route humide sans risque de collision avec le véhicule qui le précède s'il freine brusquement.

Les puissances

Les nombres décimaux sont très courants dans la vie quotidienne car complètement adaptés à diverses utilisations. Ainsi pour fixer le prix d'un objet, nous avons besoin, au maximum, de deux chiffres après la virgule. Si je vous parle du prix d'une baguette de pain, un prix de 0,95 € vous sera familier alors que vous me prendrez pour quelqu'un d'excentrique si je vous dis qu'une baguette coûte 0,9562145 € ... Lorsque l'on mesure la taille d'un objet ou d'une personne, nous avons rarement besoin de plus de deux chiffres après la virgule. Vous risquez ainsi d'ouvrir de grands yeux si le médecin vous annonce que votre enfant mesure 1,4345874 mètre alors que s'il se contente d'annoncer une taille de 1,43 mètre, vous trouverez cela tout à fait normal. Pour autant, il existe des domaines dans lesquels l'homme peut être amené à utiliser de très grands nombres ou à l'inverse de très petits nombres. Dans ces situations, les nombres à écrire peuvent être extrêmement longs. C'est pour cela qu'on a créé les puissances.

Qu'est ce qu'une puissance ?

Définissons immédiatement ce qu'est une puissance :

Nous avons vu dans le chapitre précédent que 5^2 (cinq au carré) correspondait à 5 x 5. 5^2 peut aussi se dire « 5 puissance 2 ».

De la même façon, 5^3 (cinq au cube) correspond à 5 x 5 x 5 et 5^3 peut aussi se dire « 5 puissance 3 ».

De la même façon, 5^6 correspond à 5 x 5 x 5 x 5 x 5 x 5 et 5^6 se dit « 5 puissance 6 ».

A^n appelé « **A puissance n** » correspond à effectuer une multiplication comprenant « n fois » le nombre A.

Ex. 4^5 (4 puissance 5) correspond à multiplier 5 fois le nombre 4 (4 x 4 x 4 x 4 x 4)

Vocabulaire :
A^2 se dit « A au carré »
A^3 se dit « A au cube »

Les puissances de 10

Une des puissances les plus utilisée est la puissance de 10. Regardons à quoi ressemblent les puissances de 10 :

$10^2 = 10 \times 10 = 100$,
$10^3 = 10 \times 10 \times 10 = 1000$
$10^4 = 10 \times 10 \times 10 \times 10 = 10000$
Et ainsi de suite ...

On constate ainsi que 10^n correspond au nombre 1 suivi de n fois le nombre 0.

10^n correspond au nombre 1 suivi de n fois le nombre 0 (10 puissance n).

Voyage astral

L'un des domaines de prédilection d'utilisation des puissances est l'astronomie. En effet, dès que l'on parle de planètes, les distances deviennent immédiatement gigantesques si bien qu'il est très vite pénible de les retranscrire.

Prenons par exemple la distance de la Terre au Soleil, celle-ci est de 149,6 millions de kilomètres. Cette distance s'écrit 149600000 km, ce qui fait beaucoup de 0

... Pour simplifier cela, les scientifiques utilisent les puissances de 10.

Dans notre exemple, nous avons le nombre 149600000.

Ce nombre peut s'écrire 1496 x 100000. Pourquoi me direz-vous ? Réponse dans le chapitre suivant.

Comment multiplier par une puissance de 10 ?

Voyage astral (suite)

149600000 peut s'écrire 1496 x 100000 parce que :

Pour multiplier un nombre par 10, il suffit de lui rajouter un 0,
Pour multiplier un nombre par 100, il suffit de lui rajouter deux 0,
Pour multiplier un nombre par 1000, il suffit de lui rajouter trois 0,
Pour multiplier un nombre par 10000, il suffit de lui rajouter quatre 0,
Pour multiplier un nombre par 10000000000, il suffit de lui rajouter dix 0.

Pour multiplier un nombre par 10^n, il suffit de lui rajouter n 0.

Ainsi dans le nombre 149600000, 1496 est suivi de cinq 0, cela correspond donc à 1496 multiplié par 100000.

De plus 100000, c'est le nombre 1 suivi de cinq zéros, il peut donc s'écrire 10^5.

Ainsi 149600000 = 1496 x 100000 = 1496 x 10^5

Nous avons mis 149600000 sous la forme d'un nombre (1496) multiplié par une puissance de 10 (10^5), ce qui simplifie déjà l'écriture.

Cependant les scientifiques, qui ne sont pas avares en innovations, ont créé une notation universelle pour écrire de très grands nombres selon une norme bien définie, il s'agit de la « notation scientifique ».

Qu’est ce qu’une notation scientifique ?

La **notation scientifique** consiste à écrire un nombre sous la forme d’un nombre décimal à un seul chiffre, compris entre 1 et 9, avant la virgule et multiplié par une puissance de 10.

Ex.
$4,874 \times 10^3$ est une notation scientifique,
$54,87 \times 10^4$ n’est pas une notation scientifique car 54,87 n’est pas un nombre avec un seul chiffre avant la virgule,
3,21 x 100 n’est pas une notation scientifique car 100 doit être exprimé sous la forme d’une puissance de 10 (10^2).

Voyage astral (suite)

Nous avons précédemment écrit que 149600000 = 1496 x 10^5, comment l’écrire à présent sous la forme d’une notation scientifique ?

En effet, cette écriture n’est pas encore une notation scientifique puisque le nombre qui apparaît devant la puissance de 10 (1496) n’est pas un nombre décimal à un seul chiffre, compris entre 1 et 9, avant la virgule.

Par contre 1,496 est bien, quant à lui, un nombre décimal à un seul chiffre, compris entre 1 et 9, avant la virgule.

Alors comment passer de 1496 à 1,496 ?

Nous voyons qu'en partant de 1,496 si on parvient à décaler la virgule de 3 rangs vers la droite, on obtiendra 1496.

Pour décaler la virgule d'un rang vers la droite, il faut multiplier le nombre par 10 ou 10^1;
Pour décaler la virgule de deux rangs vers la droite, il faut multiplier le nombre par 100 ou 10^2;
Pour décaler la virgule de trois rangs vers la droite, il faut multiplier le nombre par 1000 ou 10^3;

Ainsi 1496 = 1,496 x 1000 = 1,496 x 10^3

Pour décaler la virgule d'un nombre décimal de n rangs vers la droite, il faut le multiplier par 10^n

Multiplier un nombre par 10^n revient à décaler la virgule de n rangs vers la droite.

En résumé, on a vu que 149600000 = 1496 x 100000 = 1496 x 10^5 et que 1496 = 1,496 x 1000 = 1,496 x 10^3.

On peut donc écrire que 149600000 = 1,496 x 10^3 x 10^5

On se rapproche de la notation scientifique, néanmoins il reste à effectuer la multiplication de deux puissances de 10 (10^3 x 10^5) : alors comment peut-on multiplier entre elles deux puissances de 10 ?

Comment multiplier deux puissances de 10 ?

Voici la règle de multiplication de deux puissances de 10 :

Pour multiplier deux puissances d'un même nombre A entre elles :

$A^n \times A^m = A^{n+m}$

Ex. $10^3 \times 10^5 = 10^{3+5} = 10^8$

Voyage astral (suite)

En définitive, on peut donc écrire que :

$$149600000 = 1,496 \times 10^3 \times 10^5 = 1,496 \times 10^{(3+5)} = 1,496 \times 10^8$$

Ainsi la distance de la Terre au Soleil est de $1,496 \times 10^8$ km et cette distance est bien exprimée sous la forme d'une notation scientifique.

Voici les distances par rapport au Soleil des différentes planètes du système solaire :

Planète	**Distance au soleil**
Mercure	58 millions de km
Jupiter	0,775 milliard de km
Vénus	108 millions de km
Pluton	49 milliards de km
Mars	228 millions de km
Neptune	4,504 milliards de km
Saturne	1429 millions de km
Uranus	2,869 milliards de km

<u>Exercice</u> : Il vous est demandé d'exprimer ces distances en notation scientifique puis de classer les planètes de la plus lointaine à la plus proche du Soleil.

Pour résoudre cet exercice, nous avons besoin d'indications sur les grands nombres, ainsi :

1 million s'écrit 1000000 ou 10^6 (car il y a six 0),
1 milliard s'écrit 1000000000 ou 10^9 (car il y a neuf 0).

Mercure est située à 58 millions de kilomètres que l'on peut écrire aussi : 58×10^6 km.
Néanmoins cette écriture n'est pas une notation scientifique puisque le nombre devant 10^6 (58) n'est pas un nombre compris entre 1 et 9. Nous devons donc transformer la façon d'écrire 58 pour y faire apparaître un nombre compris entre 1 et 9.
Remarquons que $58 = 5,8 \times 10$ et que $10 = 10^1$.

On peut alors écrire que $58 \times 10^6 = 5,8 \times 10^1 \times 10^6$
D'après une propriété vue ci-dessus : $10^1 \times 10^6 = 10^{1+6} = 10^7$
Donc $58 \times 10^6 = 5,8 \times 10^7$
Nous avons ici une notation scientifique pour la distance de Mercure au Soleil.

Procédons de la même façon pour Jupiter qui est située à 0,775 milliards de km du Soleil.
Nous pouvons écrire cette distance de la façon suivante : $0,775 \times 10^9$ km.
Néanmoins cette écriture n'est pas une notation scientifique puisque le nombre devant 10^9 (0,775) n'est pas un nombre compris entre 1 et 9.
Nous devons donc transformer la façon d'écrire 0,775 pour y faire apparaître un nombre compris entre 1 et 9.

Remarquons que 0,775 = 7,75 / 10.

Comment diviser par une puissance de 10 ?

Voyage astral (suite)

Voici une propriété bien utile :

Pour diviser un nombre par 10, il suffit de décaler sa virgule d'un rang vers la gauche,
Pour diviser un nombre par 100, il suffit de décaler sa virgule de deux rangs vers la gauche,
Pour diviser un nombre par 1000, il suffit de décaler sa virgule de trois rangs vers la gauche,
Pour diviser un nombre par 10000, il suffit de décaler sa virgule de quatre rangs vers la gauche,
Pour diviser un nombre par 10000000000, il suffit de décaler sa virgule de dix rangs vers la gauche.

Pour diviser un nombre par 10^n, il suffit de décaler sa virgule de n rangs vers la gauche.

Faisons une pause dans la résolution de l'exercice d'astronomie pour illustrer la notion ci-dessus :

Considérons le nombre 125,48 :

Diviser ce nombre par 10 revient à décaler la virgule d'un rang vers la gauche donc 125,48 / 10 = 12,548

Diviser ce nombre par 100 revient à décaler la virgule de deux rangs vers la gauche donc 125,48 / 100 = 1,2548

Diviser ce nombre par 1000000 revient à décaler la virgule de six rangs vers la gauche. Ici cela semble impossible puisqu'une fois qu'on a décalé la virgule de trois rangs, il n'y a plus de chiffres ... Pour ce faire, il suffit tout simplement de rajouter des 0. Ainsi 125,48 / 100000 = 0,00012548.

Remarquons aussi que :

125,48 / 10 peut aussi s'écrire 125,48 / 10^1
125,48 / 100 peut aussi s'écrire 125,48 / 10^2
125,48 / 1000000 peut aussi s'écrire 125,48 / 10^6

Diviser un nombre par 10^n revient à multiplier ce nombre par 10^{-n}.

Ainsi,

125,48 / 10 = 125,48 / 10^1 = 125,48 x 10^{-1}
125,48 / 100 = 125,48 / 10^2 = 125,48 x 10^{-2}
125,48 / 1000000 = 125,48 / 10^6 = 125,48 x 10^{-6}

Retenez les principes suivants :

Pour multiplier un nombre par une puissance de 10 positive (10^n), on décale la virgule de ce nombre de n rangs vers la droite,

Pour multiplier un nombre par une puissance de 10 négative (10^{-n}), on décale la virgule de ce nombre de n rangs vers la gauche.

De cette propriété on déduit que :

$125,48 \times 10^{-1} = 12,548$ (on décale la virgule de 1 rang vers la gauche),
$125,48 \times 10^{-2} = 1,2548$ (on décale la virgule de 2 rangs vers la gauche),
$125,48 \times 10^{-6} = 0,00012548$ (on décale la virgule de 6 rangs vers la gauche).

En remettant bout à bout les trois dernières propriétés abordées :

$125,48 / 10^1 = 125,48 \times 10^{-1} = 12,548$
$125,48 / 10^2 = 125,48 \times 10^{-2} = 1,2548$
$125,48 / 10^6 = 125,48 \times 10^{-6} = 0,00012548$

Prenons à présent l'exemple du nombre 48 et calculons 48 / 10 puis 48 / 100 puis 48 / 10000

Grâce aux propriétés vues ci-dessus, on peut écrire :

$48 / 10 = 48 / 10^1 = 48 \times 10^{-1}$

$48 / 100 = 48 / 10^2 = 48 \times 10^{-2}$
$48 / 100000 = 48 / 10^5 = 48 \times 10^{-5}$

Néanmoins dans le nombre 48, il n'y a pas de virgule ! Dans ce cas, considérez que la virgule se situe juste après le 8. En effet 48, c'est la même chose que 48,0 ou que 48,00 ou encore que 48,0000.

Ainsi,

$48 / 10 = 48 / 10^1 = 48 \times 10^{-1} = 4{,}8$ (on décale la virgule de 1 rang vers la gauche),
$48 / 100 = 48 / 10^2 = 48 \times 10^{-2} = 0{,}48$ (on décale la virgule de 2 rangs vers la gauche),
$48 / 100000 = 48 / 10^5 = 48 \times 10^{-5} = 0{,}00048$ (on décale la virgule de 5 rangs vers la gauche),

Une dernière propriété sur les puissances :

Un nombre A à la puissance 0 (A^0) est toujours égal à 1

Ex : $10^0 = 4^0 = 13^0 = 1541^0 = 1$

Nous sommes à présent armés pour revenir à notre exercice sur les planètes dans lequel nous devions écrire la distance au Soleil de chacune des planètes sous une écriture scientifique.

Pour Jupiter, nous cherchions à écrire $0{,}775 \times 10^9$ km en notation scientifique et avions constaté que $0{,}775 = 7{,}75 / 10$.

Avec les nouvelles propriétés abordées, nous pouvons écrire que $0,775 = 7,75 / 10 = 7,75 / 10^1 = 7,75 \times 10^{-1}$

On peut donc écrire que $0,775 \times 10^9 = 7,75 \times 10^{-1} \times 10^9$ soit $7,75 \times 10^{(-1+9)} = 7,75 \times 10^8$ qui est bien une notation scientifique.

Etes-vous capable de suivre le même raisonnement pour Vénus, Pluton, Mars, Neptune, Saturne et Uranus ?

Vénus est située à 108 millions de km du Soleil soit 108×10^6 km.
$108 = 1,08 \times 100 = 1,08 \times 10^2$
Donc $108 \times 10^6 = 1,08 \times 10^2 \times 10^6 = 1,08 \times 10^{(2+6)} = 1,08 \times 10^8$

Pluton est située à 49 milliards de km du Soleil soit 49×10^9 km.
$49 = 4,9 \times 10 = 4,9 \times 10^1$
Donc $49 \times 10^9 = 4,9 \times 10^1 \times 10^9 = 4,9 \times 10^{(1+9)} = 4,9 \times 10^{10}$

Mars est située à 228 millions de km du Soleil soit 228×10^6 km.
$228 = 2,28 \times 100 = 2,28 \times 10^2$
Donc $228 \times 10^6 = 2,28 \times 10^2 \times 10^6 = 2,28 \times 10^{(2+6)} = 2,28 \times 10^8$

Neptune est située à 4,504 milliards de km du Soleil soit $4,504 \times 10^9$ km.
Cette écriture est une notation scientifique.

Saturne est située à 1429 millions de km du Soleil soit 1429×10^6 km.
$1429 = 1{,}429 \times 1000 = 1{,}429 \times 10^3$
Donc $1429 \times 10^6 = 1{,}429 \times 10^3 \times 10^6 = 1{,}429 \times 10^{(3+6)} = 1, 429 \times 10^9$

Uranus est située à 2,869 milliards de km du Soleil soit $2{,}869 \times 10^9$ km.
Cette écriture est une notation scientifique.

Toutes les distances au Soleil des planètes sont maintenant exprimées en notation scientifique, ce qui donne :

Planète	**Distance au soleil (km)**
Mercure	$5{,}8 \times 10^7$
Jupiter	$7{,}75 \times 10^8$
Vénus	$1{,}08 \times 10^8$
Pluton	$4{,}9 \times 10^{10}$
Mars	$2{,}28 \times 10^8$
Neptune	$4{,}504 \times 10^9$
Saturne	$1, 429 \times 10^9$
Uranus	$2{,}869 \times 10^9$

Il nous faut à présent classer ces planètes de la plus lointaine à la plus proche du Soleil.

Comment comparer des puissances de 10 ?

Voyage astral (suite)

Pour comparer deux nombres en notations scientifiques :

Le plus grand est celui qui a la puissance de 10 la plus élevée,

Si les puissances de 10 sont identiques, le plus grand est celui dont le nombre devant la puissance et le plus grand.

Ex.
$2,1 \times 10^7$ est plus grand que $8,7 \times 10^6$ car 10^7 est plus grand que 10^6

$5,4 \times 10^5$ est plus grand que $4,004 \times 10^5$ car les puissances de 10 sont identiques (10^5) et 5,4 est plus grand que 4,004.

La puissance de 10 la plus grande est celle de Pluton (10^{10}). C'est donc la planète la plus éloignée du Soleil.

Neptune, Saturne et Uranus ont toutes les deux une distance de l'ordre de 10^9. On compare donc les chiffres devant la puissance soit 4,504 ; 1,429 et 2,869. On en déduit que Neptune est plus éloignée du Soleil que Uranus puis Saturne.

Jupiter, Vénus et Mars ont toutes les trois une distance de l'ordre de 10^8. On compare donc les chiffres devant la puissance soit 7,75 ; 1,08 et 2,28. On en déduit que Jupiter est plus éloignée du Soleil que Mars puis que Vénus.

On obtient ainsi le classement des planètes de la plus éloignée à la plus proche du Soleil :

Planète	**Distance au soleil (km)**
Pluton	$4,9 \times 10^{10}$
Neptune	$4,504 \times 10^9$
Uranus	$2,869 \times 10^9$
Saturne	$1, 429 \times 10^9$
Jupiter	$7,75 \times 10^8$
Mars	$2,28 \times 10^8$
Vénus	$1,08 \times 10^8$
Mercure	$5,8 \times 10^7$

Nous avons vu que la distance de la Terre au Soleil est de $1,496 \times 10^8$ km ce qui donne le tableau final suivant :

Planète	Distance au soleil (km)
Pluton	$4,9 \times 10^{10}$
Neptune	$4,504 \times 10^9$
Uranus	$2,869 \times 10^9$
Saturne	$1, 429 \times 10^9$
Jupiter	$7,75 \times 10^8$
Mars	$2,28 \times 10^8$
Terre	**$1,496 \times 10^8$**
Vénus	$1,08 \times 10^8$
Mercure	$5,8 \times 10^7$

A vous de jouer !

Les 100 pages promises pour vous réconcilier avec les nombres décimaux, nombres relatifs, carrés et racines carrés, fractions et puissances sont atteintes. Je vous propose à présent de vous entraîner et de faire le point sur l'ensemble des notions qui ont été abordées tout au long de cet ouvrage.
Dans les pages qui suivent, de petits exercices vous permettront de revoir et de vérifier votre compréhension des différents chapitres du livre. Prenez le temps d'y réfléchir avant de vous reporter à la correction, n'hésitez pas à relire le chapitre concerné et vous vous rendrez compte que vous êtes à présent beaucoup plus capable de jongler avec les notions mathématiques que vous ne l'étiez encore quelques pages auparavant.

Nombres décimaux

Exercice 1

Classer les nombres suivants par ordre décroissant :

0,458 ; 1,5874 ; 1,5847 ; 0,4589 ; 0,98746 ; 0,97 ; 0,4

Exercice 2

Poser et effectuer les additions suivantes :
a/ 12,587 + 2,9845
b/ 0,548 + 2,413658

Exercice 3

Effectuer les conversions suivantes :
a/ 256 g en kg
b/ 23 mg en g
c/ 0,1 kg en mg
d/ 12 L en cL
e/ 61,7 dL en mL

Exercice 4

Déterminer, sans effectuer le calcul, le nombre de chiffres après la virgule dans le résultat des multiplications suivantes :
a/ 12,547 x 1,6587
b/ 6,23 x 3,1
c/ 0,123 x 1,6
d/ 87458,45 x 9854,11

Exercice 5

Poser et effectuer les multiplications suivantes :
a/ 14,51 x 11,2
b/ 6,253 x 4,1

Exercice 6

Déterminer par quel(s) nombre(s) entre 2 et 13, les nombres suivants sont-ils divisibles :
a/ 462
b/ 240
c/ 891

Exercice 7

Je veux diviser 1485 par 7 :
a/ quel nombre est le dividende ?
b/ quel nombre est le diviseur ?
c/ quel est le quotient ?
d/ quel est le reste ?

Mêmes questions si je divise 1255 par 5 ?

Nombres relatifs

Exercice 8

Classer les nombres suivants par ordre croissant :

125 ; 158 ; -8,5 ; -12 ; -12,3 ; 50,1 ; -0,9 ; 0,4

Exercice 9

Effectuer les calculs suivants :
a/ -24 - 13
b/ 21 – 48
c/ -12 + 23
d/ -5 + 8

Exercice 10

Quel sera le signe du résultat de chaque calcul suivant :
a/ -12 x 26 x (-2) x (-14)
b/ 21 x 7 x (-1) x (-2)
c/ -12 x 23 x 6 x 5 x (-4) x (-9) x 2 x (-22)
d/ 15 x 11 x 9 x 6 x 2 x (-4)

Exercice 11

Effectuer les multiplications suivantes :
a/ (-2) x (-6) x 4
b/ 2 x (-3) x (-5)
c/ 11 x 7 x (-2)

Fractions

Exercice 12

Ecrire les nombres suivants sous la forme de fractions :

a/ six neuvièmes
b/ quatre douzièmes
c/ vingt cinq centièmes
d/ deux quinzièmes
e/ cent dix deux cent vingtièmes

Exercice 13

Exprimer :
a/ 2 / 5 en une fraction dont le dénominateur est 15
b/ 3 / 4 en une fraction dont le dénominateur est 24
c/ 6 / 11 en une fraction dont le dénominateur est 77
d/ 7 / 10 en une fraction dont le dénominateur est 100

Exercice 14

Comparer les fractions suivantes :
a/ 7 / 8 et 2 / 3
b/ 12 / 5 et 41 / 15
c/ 6 / 7 et 18 / 21
d/ 5 / 9 et 7 / 11

Exercice 15

Effectuer les additions suivantes :
a/ 4/5 + 1/3 + 7/30
b/ 2/11 + 3/2 + 13/3

Exercice 16

Effectuer les multiplications suivantes :
a/ 3/5 x 6/5
b/ 7/11 x 9/4
c/ 3/14 x 5/2

Exercice 17

Simplifier, lorsque cela est possible, les fractions suivantes :
a/ 12/36
b/ 56/88
c/ 9/14

Exercice 18

Je possède une tarte :
a/ Si j'en mange 5/9, combien en reste-t-il ?
b/ Si j'en mange 11/14, combien en reste-t-il ?
c/ Si j'en mange 7/16, combien en reste-t-il ?

Exercice 19

Combien font :
a/ 3/4 de 5/8 ?
b/ 1/6 de 7/10 ?
c/ 4/5 de 3/4 ?

Carrés et racines carrées

Exercice 20

Déterminer les carrés suivants :

a/ 6^2
b/ 8^2
c/ 11^2
d/ 14^2

Exercice 21

Déterminer les racines carrées suivantes :
a/ 25
b/ 1764
c/ 441
d/ 289

Puissances

Exercice 22

Ecrire les nombres suivants sous la forme d'une puissance de 10 :

a/ 100
b/ 10
c/ 0
d/ 1
e/ 10000
f/ 10000000
g/ 0,1
h/ 0,0001
i/ 0,00000001

Exercice 23

Effectuer les multiplications suivantes :
a/ $10^3 \times 10^4$
b/ $10^{-9} \times 10^{-5}$
c/ $10^{-4} \times 10^6 \times 10^{-1}$
d/ $10^{-6} \times 10^{11} \times 10^2$

Exercice 24

Effectuer les divisions suivantes :
a/ $10^5 / 10^2$
b/ $10^{-2} / 10^{-5}$
c/ $10^{-4} / 10^6$
d/ $10^{11} \times 10^{-6}$

Exercice 25

Ecrire les nombres suivants en notation scientifique:

a/ 0,54875

b/ 0,00054699

c/ 15488745

d/ 14589,547

Solutions des exercices

Exercice 1

Classer des nombres dans l'ordre décroissant revient à les ranger du plus grand au plus petit.
Nous constatons que les nombres qui nous sont donnés sont des nombres décimaux (à virgule) et que tous ne possèdent pas le même nombre de chiffre.

Une astuce pour les classer consiste à les ranger les uns sous les autres dans un tableau en veillant toujours à ce que la virgule soit placée dans la même colonne comme cela est illustré ci-dessous :

0,	4	5	8		
1,	5	8	7	4	
1,	5	8	4	7	
0,	4	5	8	9	
0,	9	8	7	4	6
0,	9	7			
0,	4				

Toutes les cases vides peuvent être complétées avec des 0, ce qui donne :

0,	4	5	8	0	0
1,	5	8	7	4	0
1,	5	8	4	7	0
0,	4	5	8	9	0
0,	9	8	7	4	6
0,	9	7	0	0	0
0,	4	0	0	0	0

Pour comparer les nombres entre eux, il suffit à présent de balayer les colonnes de gauche à droite.

Dans la 1ère colonne, le chiffre le plus grand est le chiffre 1. On en déduit que le plus grand nombre sera soit 1,5874 soit 1,5847. Pour les départager, on observe la 2ème colonne, pour chacun de ces nombres il y a un chiffre 5 en 2ème colonne, on ne peut donc pas encore les départager. Observons alors la 3ème colonne, pour chacun de ces nombres il y a un 8 en 3ème colonne, on ne peut donc toujours pas les départager. Observons alors la 4ème colonne, pour les nombres qui nous intéressent il y a un 7 et un 4. Le chiffre 7 est supérieur à 4, c'est donc le nombre 1,5874 qui est le plus grand suivi du nombre 1,5847.

Pour les 5 autres nombres à classer, il y a un 0 en 1ère colonne. Il faut donc passer à la 2ème colonne pour les comparer. Dans cette 2ème colonne, le chiffre le plus grand est 9 pour les nombres 0,98746 et 0,97. Pour départager ces deux nombres, observons la 3ème colonne. Dans cette colonne, il y a un 8 et un 7. On en déduit donc que 0,98746 et plus grand que 0,97.

En procédant de la même façon pour les nombres restant, on en déduit le classement suivant :

1,5874 ; 1,5847 ; 0,98746 ; 0,97 ; 0,4589 ; 0,458 ; 0,4

Exercice 2

Effectuer des opérations sur des nombres décimaux est délicat du fait de la présence d'une virgule.

Une astuce pour les classer consiste à les ranger les uns sous les autres dans un tableau en veillant toujours à ce que la virgule soit placée dans la même colonne comme cela est illustré ci-dessous :

1	2,	5	8	7	
	2,	9	8	4	5

Ensuite, il est utile de compléter toutes les cases vides avec des 0, ce qui donne :

1	2,	5	8	7	0
0	2,	9	8	4	5

Il suffit à présent d'effectuer le calcul comme une addition classique, colonne par colonne, en commençant par la droite et en faisant attention aux éventuelles retenues :

1	2,	5	8	7	0
0	2,	9	8	4	5
1	5,	5	7	1	5

On en déduit que 12,587 + 2,9845 = 15,5715.

De la même façon, on peut trouver que 0,548 + 2,413658 = 2,961658.

Exercice 3

Pour effectuer des conversions, il est fortement recommandé d'apprendre et de savoir reproduire les tableaux suivants :

kg	**hg**	**dag**	**g**	**dg**	**cg**	**mg**
kilogra mme	hectogra mme	décagra mme	gram me	décigra mme	centigra mme	milligra mme

kL	**hL**	**daL**	**L**	**dL**	**cL**	**mL**
kilolitre	hectolitre	décalitre	litre	décilitre	centilitre	millilitre

Pour la suite, il suffit de placer dans ce tableau les nombres que l'on vous donne à convertir en veillant à ce que le chiffre suivi de la virgule soit dans la case correspondant à l'unité du nombre à convertir. Si le nombre ne contient pas de virgule, on considèrera que celle-ci se situe après le dernier chiffre du nombre.
Ainsi pour convertir 256 g, on considère que la virgule est après le 6 (même si elle n'apparaît pas), ce qui donne dans le tableau :

kg	hg	dag	g	dg	cg	mg
	2	5	6,			

On souhaite convertir ce nombre en kg, ce qui est possible en ajoutant autant de 0 que nécessaire pour atteindre la case des kg. De plus, on décale la virgule jusqu'au chiffre présent dans la case des kg, ce qui donne :

kg	hg	dag	g	dg	cg	mg
0,	2	5	6			

Ce qui signifie que 256 g = 0,256 kg.

De la même façon pour convertir 23 mg en g :

kg	hg	dag	g	dg	cg	mg
					2	3,

Il n'y a pas de virgule dans le nombre 23, par conséquent on considère que la virgule se situe après le chiffre 3 et on place un chiffre par case de telle façon que le chiffre 3 soit dans la case des mg. On ajoute ensuite des 0 jusqu'à atteindre la case des g et on y déplace la virgule, ce qui donne :

kg	hg	dag	g	dg	cg	mg
			0,	0	2	3

Et donc 23 mg = 0,023 g.

On procède de la même façon pour les conversions suivantes :

Conversion de 0,1kg en mg :

kg	hg	dag	g	dg	cg	mg
0	1	0	0	0	0	0,

Soit 0,1 kg = 100000 mg

Conversion de 12 L en cL :

kL	hL	daL	L	dL	cL	mL
		1	2	0	0,	

Soit 12 L = 1200 cL

Conversion de 61,7 dL en mL :

kL	hL	daL	L	dL	cL	mL
			6	1	7	0,

Enfin 61,7 dL = 6170 mL

Exercice 4

Pour déterminer, sans effectuer le calcul, le nombre maximum de chiffres après la virgule dans le résultat d'une multiplication, il suffit de compter le nombre de chiffres après la virgule dans les deux nombres à multiplier puis d'additionner les deux nombres ainsi obtenus. Par exemple :

Dans l'opération 12,547 x 1,6587, le nombre 12,547 possède 3 chiffres après la virgule et le nombre 1,6587 possède 4 chiffres après la virgule.

Le résultat de cette multiplication aura donc 3 + 4 = 7 chiffres après la virgule.

12,547 x 1,6587 = 20,8117089

De même, le résultat de 6,23 x 3,1 aura 2 + 1 = 3 chiffres après la virgule.

6,23 x 3,1 = 19,313

De même, le résultat de 0,123 x 1,6 aura 3 + 1 = 4 chiffres après la virgule.

0,123 x 1,6 = 0,1968

Enfin, le résultat de 87458,45 x 9854,11 aura 2 + 2 = 4 chiffres après la virgule.

87458,45 x 9854,11 = 861825186,7295.

Exercice 5

Pour effectuer une multiplication de la forme 14,51 x 11,2, il convient d'écrire le calcul avec le même nombre de chiffres après la virgule (on complète avec des 0), soit : 14,51 x 11,20.

Ensuite, on pose et on effectue la multiplication sans tenir compte des virgules, ce qui donne :

```
        1 4 5 1
      x 1 1 2 0
      ---------
        0 0 0 0
      2 9 0 2 .
    1 4 5 1 . .
  1 4 5 1 . . .
  -------------
  1 6 2 5 1 2 0
```

Comme vu dans l'exercice précédent, le résultat de 14,51 x 11,20 aura 2 + 2 = 4 chiffres après la virgule.

En partant du dernier chiffre du résultat obtenu, on compte 4 chiffres et on place la virgule, ce qui donne 162,5120.

On en déduit que 14,51 x 11,2 = 162,512.

De la même façon, 6,253 x 4,1 = 6,253 x 4,100. On pose la multiplication sans tenir compte des virgules et on sait que le résultat aura 3 + 3 = 6 chiffres après la virgule.

On trouve 6,253 x 4,1 = 25,637300 ; on peut supprimer les 0 en fin de nombre ce qui donne 6,253 x 4,1 = 25,6373 (soit 3 + 1 = 4 chiffres après la virgule).

Exercice 6

Le tableau suivant reprend les critères de divisibilité présentés dans le livre appliqués à chacun des nombres proposés dans l'exercice :

Critères de divisibilité	Exemple
Divisibilité par 2 : Un nombre est divisible par 2 si son dernier chiffre est pair (il finit par 0, 2, 4, 6 ou 8)	462 est divisible par 2 240 est divisible par 2 891 n'est pas divisible par 2
Divisibilité par 3 : Un nombre est divisible par 3 si la somme de ses chiffres est un multiple de 3.	462 est divisible par 3 car 4+6+2=12 et 12 est un multiple de 3 240 est divisible par 3 car 2+4+0=6 et 6 est un multiple de 3 891 est divisible par 3 car 8+9+1=18 et 18 est un multiple de 3
Divisibilité par 4 : Un nombre est divisible par 4 si ses deux derniers chiffres forment un multiple de 4.	462 n'est pas divisible par 4 car 62 n'est pas un multiple de 4 240 est divisible par 4 car 40 est un multiple de 4 891 n'est pas divisible par 4 car 91 n'est pas un multiple de 4

Divisibilité par 5 : Un nombre est divisible par 5 si son dernier chiffre est un 0 ou un 5.	462 n'est pas divisible par 5 car son dernier chiffre est 2 240 est divisible par 5 car son dernier chiffre est 0 891 n'est pas divisible par 5 car son dernier chiffre est 1
Divisibilité par 6 : Un nombre est divisible par 6 s'il est à la fois divisible par 2 et par 3.	462 est divisible par 6 car il est divisible par 2 et par 3 240 est divisible par 6 car il est divisible par 2 et par 3 891 n'est divisible par 6 car il n'est pas divisible par 2
Divisibilité par 7 : Un nombre est divisible par 7 si le nombre donné par cd – (ux2) est divisible par 7. Dans le nombre à diviser : c est le chiffre des centaines, d est le chiffre des dizaines, u est le chiffre des unités.	462 est divisible par 7 car cd – (u x 2) = 46 – 2x2 = 46-4 = 42 est divisible par 7 240 n'est pas divisible par 7 car cd – (u x 2) = 24 – 0x2 = 24-0 = 24 n'est pas divisible par 7, 891 n'est pas divisible par 7 car cd – (u x 2) = 89 – 1x2 = 89-2 = 87 n'est pas divisible par 7.

Divisibilité par 8 : Un nombre est divisible par 8 si le nombre donné par cd + (u/2) est divisible par 4. Dans le nombre à diviser : c est le chiffre des centaines, d est le chiffre des dizaines, u est le chiffre des unités.	462 n'est pas divisible par 8 car cd + (u/2) = 46 + (2/2) = 47 n'est pas divisible par 4 240 est divisible par 8 car cd + (u/2) = 24 + (0/2) = 24 est divisible par 4 891 est divisible par 8 car cd + (u/2) = 89 + (1/2) = 89,5 n'est pas divisible par 4
Divisibilité par 9 : Un nombre est divisible par 9 si la somme de ses chiffres est un multiple de 9.	462 n'est pas divisible par 9 car 4+6+2=12 et 12 n'est pas divisible par 9 240 n'est pas divisible par 9 car 2+4+0=6 et 6 n'est pas divisible par 9 891 est divisible par 9 car 8+9+1=18 et 18 est divisible par 9
Divisibilité par 10 : Un nombre est divisible par 10 si son dernier chiffre est un 0.	462 n'est pas divisible par 10 car son dernier chiffre est 2 240 est divisible par 10 car son dernier chiffre est 0. 891 n'est pas divisible par 10 car son dernier chiffre est 1

Divisibilité par 11 : Un nombre est divisible par 11 si la différence entre la somme des chiffres pairs et la somme des chiffres impairs est divisible par 11.	**4**6**2** est divisible par 11 car **4+2=6** et **6**-6=0 est divisible par 11 **2**4**0** n'est pas divisible par 11 car **2+0=2** et 4-**2**=2 n'est pas divisible par 11 **8**9**1** est divisible par 11 car **8+1=9** et **9**-9=0 est divisible par 11
Divisibilité par 12 : Un nombre est divisible par 12 s'il est à la fois divisible par 3 et par 4.	462 n'est pas divisible par 12 car il n'est pas divisible par 4 (mais il est divisible par 3) 240 est divisible par 12 car il est à la fois divisible par 3 et par 4 891 n'est pas divisible par 12 car il n'est pas divisible par 4 (mais il est divisible par 3)
Divisibilité par 13 : Un nombre est divisible par 13 si la cd + 4xu est divisible par 13. Dans le nombre à diviser : c est le chiffre des centaines, d est le chiffre des dizaines, u est le chiffre des unités.	462 n'est pas divisible par 13 car 46 + 4x2 = 46+8=54 n'est pas divisible par 13, 240 n'est pas divisible par 13 car 24 + 4x0 = 24+0=24 n'est pas divisible par 13. 891 n'est pas divisible par 13 car 89 + 4x1 = 89+4 = 93 n'est pas divisible par 13.

Exercice 7

Je veux diviser 1485 par 7 :

a/ le dividende est le nombre 1485
b/ le diviseur est le nombre 7
c/ le quotient est le nombre 212
d/ le reste est le nombre 1 (1485 = 212 x 7 + 1)

De même si je divise 1255 par 5 :

a/ le dividende est le nombre 1255
b/ le diviseur est le nombre 5
c/ le quotient est le nombre 251
d/ le reste est le nombre 0 (1255 = 251 x 5 + 0)

Exercice 8

Classer les nombres suivants par ordre croissant, revient à les ranger du plus petit au plus grand :

125 ; 158 ; -8,5 ; -12 ; -12,3 ; 50,1 ; -0,9 ; 0,4

Considérons que chacun de ces nombres est une température. La température la plus froide sera négative et aura la valeur la plus grande possible (ex. -50°C est plus froid que -25°C).

Ainsi le nombre négatif le plus grand est -12,3 suivi du nombre -12 suivi de -8,5 puis -0,9.

Viennent ensuite les nombres positifs. Le nombre le plus près de 0 est 0,4 puis 50,1 puis 125 et enfin 158.

Ce qui conduit au classement suivant :

-12,3 ; -12 ; -8,5 ; -0,9 ; 0,4 ; 50,1 ; 125 ; 158

Exercice 9

Pour effectuer des calculs sur les nombres relatifs, on utilise les propriétés suivantes :

*Pour **additionner deux nombres relatifs** :*
S'ils ont le même signe, on additionne leurs distances à zéro et on garde le signe commun.
S'ils sont de signes contraires, on soustrait leurs distances à zéro et on prend le signe de celui qui a la plus grande distance à zéro.

*Pour **soustraire deux nombres relatifs** :*
Soustraire un nombre relatif revient à additionner son opposé.

Calculer -24 – 13 revient à calculer (-24) + (-13) → on additionne deux nombres de même signe,
On additionne leurs distances à 0 soit 24 + 13 = 37,
On garde le signe commun soit (-) moins,
Ce qui donne -37.

Calculer 21 – 48 revient à calculer 21 + (-48) → on additionne deux nombres de signes contraires,
On soustrait leurs distances à 0 soit 48 - 21 = 27,
On prend le signe de celui qui a la plus grande distance à 0 soit le signe (-) de (-48),
Ce qui donne -27.

Calculer -12 + 23 revient à additionner deux nombres de signes contraires,
On soustrait leurs distances à 0 soit 23 - 12 = 11,
On prend le signe de celui qui a la plus grande distance à 0 soit le signe (+) de (23),
Ce qui donne 11.

Calculer -5 + 8 revient à additionner deux nombres de signes contraires,
On soustrait leurs distances à 0 soit 8 - 5 = 3,
On prend le signe de celui qui a la plus grande distance à 0 soit le signe (+) de (8),
Ce qui donne 3.

Exercice 10

Pour déterminer le signe du résultat d'une multiplication de nombres relatifs, on utilise la propriété suivante :

*Le **produit de plusieurs nombres relatifs** est :*

Positif s'il comporte un nombre pair de facteurs négatifs.
Négatif s'il comporte un nombre impair de facteurs négatifs.

Ainsi dans -12 x 26 x (-2) x (-14), il y a 3 facteurs négatifs (-12 ; -2 ; -14) soit un nombre impair de facteurs négatifs, le résultat de la multiplication sera donc négatif.

Dans 21 x 7 x (-1) x (-2), il y a 2 facteurs négatifs (-1 ; -2) soit un nombre pair de facteurs négatifs, le résultat de la multiplication sera donc positif.

Dans -12 x 23 x 6 x 5 x (-4) x (-9) x 2 x (-22), il y a 4 facteurs négatifs (-12 ; -4 ; -9 ; -22) soit un nombre pair de facteurs négatifs, le résultat de la multiplication sera donc positif.

Dans 15 x 11 x 9 x 6 x 2 x (-4), il y a 1 facteur négatif (-4) soit un nombre impair de facteurs négatifs, le résultat de la multiplication sera donc négatif.

Exercice 11

Pour effectuer la multiplication (-2) x (-6) x 4, on commence par calculer 2 x 6 x 4 sans se préoccuper du signe soit 2 x 6 x 4 = 12 x 4 = 48.
Dans cette multiplication, il y a 2 facteurs négatifs (-2 ; -6) soit un nombre pair de facteurs négatifs, le résultat de la multiplication sera donc positif.

Donc (-2) x (-6) x 4 = 48.

De même pour calculer 2 x (-3) x (-5), on commence par calculer 2 x 3 x 5 sans se préoccuper du signe soit 2 x 3 x 5 = 6 x 5 = 30.
Dans cette multiplication, il y a 2 facteurs négatifs (-3 ; -5) soit un nombre pair de facteurs négatifs, le résultat de la multiplication sera donc positif.

Donc 2 x (-3) x (-5) = 30.

Pour calculer 11 x 7 x (-2), on commence par calculer 11 x 7 x 2 sans se préoccuper du signe soit 11 x 7 x 2 = 77 x 2 = 154.

Dans cette multiplication, il y a 1 facteur négatif (-2) soit un nombre impair de facteurs négatifs, le résultat de la multiplication sera donc négatif.

Donc 11 x 7 x (-2) = -154.

Exercice 12

a/ six neuvièmes correspond à 6/9
b/ quatre douzièmes correspond à 4/12
c/ vingt-cinq centièmes correspond à 25/100
d/ deux quinzièmes correspond à 2/15
e/ cent-dix deux-cent-vingtièmes correspond à 110/220

Exercice 13

a/ Pour exprimer 2 / 5 en une fraction dont le dénominateur est 15, il faut multiplier le dénominateur (5) par 3 car 5 x 3 = 15.
Or, pour ne pas modifier une fraction, si on multiplie le dénominateur par 3, il faut aussi multiplier le numérateur par 3 ce qui donne :

2 / 5 = (2 x 3) / (5 x 3) = 6 / 15

b/ De la même façon, pour exprimer 3 / 4 en une fraction dont le dénominateur est 24, il faut multiplier le dénominateur (4) par 6 car 4 x 6 = 24.
Pour ne pas modifier une fraction, si on multiplie le dénominateur par 6, il faut aussi multiplier le numérateur par 6 ce qui donne :

3 / 4 = (3 x 6) / (4 x 6) = 18 / 24

c/ Pour exprimer 6 / 11 en une fraction dont le dénominateur est 77, il faut multiplier le dénominateur (11) par 7 car 11 x 7 = 77.
Pour ne pas modifier une fraction, si on multiplie le dénominateur par 7, il faut aussi multiplier le numérateur par 7 ce qui donne :

6 / 11 = (6 x 7) / (11 x 7) = 42 / 77

d/ Enfin pour exprimer 7 / 10 en une fraction dont le dénominateur est 100, il faut multiplier le dénominateur (10) par 10 car 10 x 10 = 100.
Pour ne pas modifier une fraction, si on multiplie le dénominateur par 10, il faut aussi multiplier le numérateur par 10 ce qui donne :

7 / 10 = (7 x 10) / (10 x 10) = 70 / 100.

Exercice 14

Pour comparer des fractions, gardez à l'esprit la règle que nous avons vue :

*Lorsque l'on souhaite **comparer deux fractions**, il faut toujours les mettre au même dénominateur.*

*Lorsque deux fractions sont au même dénominateur, la **plus grande des deux** est celle qui possède le **numérateur le plus grand**.*

a/ Pour comparer 7 / 8 et 2 / 3, il faut donc mettre ces deux fractions au même dénominateur. Il faut trouver un dénominateur qui soit commun à la fois à 8 et à 3. 24 est un dénominateur commun car en multipliant 8 par 3 on obtient 24 et en multipliant 3 par 8 on obtient 24.

N'oublions pas que si on multiplie le dénominateur d'une fraction par un nombre, il faut également multiplier le numérateur de la fraction par le même nombre afin de ne pas changer la fraction ! On a donc :

7 / 8 = (7 x 3) / (8 x 3) = 21 / 24
2 / 3 = (2 x 8) / (3 x 8) = 16 / 24

Maintenant que les deux fractions sont au même dénominateur, la plus grande est donc celle qui a le plus grand numérateur, soit 21 / 24 est plus grande que 16 / 24. On en déduit donc que 7 / 8 est plus grande que 2 / 3.

b/ De la même façon, le dénominateur commun à 12 / 5 et 41 / 15 est 15 car 5 x 3 = 15 et 15 x 1 = 15, d'où :

12 / 5 = (12 x 3) / (5 x 3) = 36 / 15
41 / 15 = (41 x 1) / (15 x 1) = 41 / 15

Comme 41 / 15 est plus grande que 36 / 15, on déduit que 41 / 15 est plus grande que 12 / 5.

c/ Le dénominateur commun à 6 / 7 et 18 / 21 est 21 car 7 x 3 = 21 et 21 x 1 = 21, d'où :

6 / 7 = (6 x 3) / (7 x 3) = 18 / 21
18 / 21 = (18 x 1) / (21 x 1) = 18 / 21

On en déduit que les deux fractions sont égales donc 6 / 7 = 18 / 21.
d/ Le dénominateur commun à 5 / 9 et 7 / 11 est 99 car 9 x 11 = 99 et 11 x 9 = 99, d'où :

5 / 9 = (5 x 11) / (9 x 11) = 55 / 99
7 / 11 = (7 x 9) / (11 x 9) = 63 / 99

Comme 63 / 99 est plus grande que 55 / 99, on déduit que 7 / 11 est plus grande que 5 / 9.

Exercice 15

Rappelons la règle pour additionner des fractions :

*Pour **additionner deux fractions**, il faut tout d'abord les mettre au même dénominateur.*

Puis on additionne les numérateurs entre eux. Le dénominateur reste inchangé.

Ainsi (A / B) + (C / B) = (A + C) / B

a/ Pour réaliser l'addition 4/5 + 1/3 + 7/30, il faut commencer par trouver un dénominateur commun aux trois fractions : quel est le nombre commun à 5 ; 3 et 30 ? Pour répondre, il s'agit de trouver un nombre qui est à la fois dans la table du 3, du 5 et du 30. La réponse est ... 30, car 5 x 6 = 30 (table du 5), 3 x 10 = 30 (table du 3) et 30 x 1 = 30 (table du 30).

4/5 = (4x6) / (5x6) = 24/30
1/3 = (1x10) / (3x10) = 10/30
7/30 = (7x1) / (30x1) = 7/30

Donc 4/5 + 1/3 + 7/30 = 24/30 + 10/30 + 7/30 = (24 + 10 + 7)/30 = 41/30 b/ De même pour réaliser l'addition 2/11 + 3/2 + 13/3, il faut commencer par trouver un dénominateur commun aux trois fractions : quel est le nombre commun à 11 ; 2 et 3 ? Pour répondre, il s'agit de trouver un nombre qui est à la fois dans la table du 2, du 3 et du 11. La réponse est ... 66, car 2 x 33 = 66 (table du 2), 3 x 22 = 66 (table du 3) et 11 x 6 = 66 (table du 11).

2/11 = (2x6) / (11x6) = 12/66
3/2 = (3x33) / (2x33) = 99/66
13/3 = (13x22) / (3x22) = 286/66

Donc 2/11 + 3/2 + 13/3 = 12/66 + 99/66 + 286/66 = (12 + 99 + 286)/66 = 397/66

Exercice 16

Rappelons la règle pour multiplier des fractions :

*Pour **multiplier deux fractions**, on multiplie les numérateurs entre eux et les dénominateurs entre eux.*

Ainsi (A / B) x (C / D) = (A x C) / (B x D).

a/ 3/5 x 6/5 = (3x6) / (5x5) = 18/25
b/ 7/11 x 9/4 = (7x9) / (11x4) = 63/44
c/ 3/14 x 5/2 = (3x5) / (14x2) = 15/28

Exercice 17

Rappelons la règle pour simplifier des fractions :

*Une **fraction peut être simplifiée** s'il est possible de décomposer le numérateur et le dénominateur pour y faire apparaître un nombre commun.*

Par exemple, la fraction A / B est simplifiable s'il est possible de l'écrire sous la forme (a x c) / (b x c).

La fraction simplifiée sera alors a / b.

Et on aura A / B = a / b.

a/ Ainsi pour simplifier 12/36, il faut réussir à écrire 12 sous la forme d'une multiplication et 36 sous la forme d'une multiplication, ces deux multiplications devant faire apparaître le même nombre.
Ainsi 12 = 12 x 1 et 36 = 12 x 3 (il y a 12 dans les deux multiplications) donc :

12 / 36 = (12x1) / (12x3) = 1 / 3

b/ De même pour simplifier 56/88, il faut trouver un nombre qui est à la fois dans la table de 56 et dans la table de 88, c'est le cas du nombre 8 car :
56 = 8 x 7 et 88 = 8 x 11

Donc 56 / 88 = (8x7) / (8x11) = 7 / 11

c/ Dans la fraction 9/14, il n'est pas possible de trouver un nombre qui figure à la fois dans la table du 9 et du 14. Ainsi cette fraction ne peut pas être davantage simplifiée.

Exercice 18

Je possède une tarte :

a/ Si j'en mange 5/9, on considère que la tarte a été découpée en 9 parts. Au départ, rien n'a été mangé donc la tarte est entière avec 9 parts présentes sur les 9 parts découpées. La tarte entière représente 9/9. A la fin, il en reste 9/9 – 5/9 = (9-5) / 9 = 4/9.

b/ Si j'en mange 11/14, on considère que la tarte a été découpée en 14 parts. Au départ, la tarte entière représente 14/14. A la fin, il en reste 14/14 – 11/14 = (14-11) / 14 = 3/14.

c/ Si j'en mange 7/16, on considère que la tarte a été découpée en 16 parts. Au départ, la tarte entière représente 16/16. A la fin, il en reste 16/16 – 7/16 = (16-7) / 16 = 9/16.

Exercice 19

Rappelons la règle que nous avons abordée dans l'ouvrage :

Prendre une fraction d'une quantité, c'est multiplier la fraction par la quantité.

a/ Ainsi 3/4 de 5/8 correspond à 3/4 x 5/8 = (3x5) / (4x8) = 15/32

b/ De même 1/6 de 7/10 correspond à 1/6 x 7/10 = (1x7) / (6x10) = 7/60

c/ Enfin 4/5 de 3/4 correspond à 4/5 x 3/4 = (4x3) / (5x4) = 12/20

Notons que cette dernière fraction peut être simplifiée car 12 = 4 x 3 et 20 = 4 x 5
Donc 12/20 = (4x3) / (4x5) = 3/5

Exercice 20

On rappelle que le carré d'un nombre correspond à ce nombre multiplié par lui-même, ainsi :

a/ 6^2 = 6 x 6 = 36
b/ 8^2 = 8 x 8 = 64
c/ 11^2 = 11 x 11 = 121
d/ 14^2 = 14 x 14 = 196

Exercice 21

On rappelle que :

La racine carrée du nombre A est le nombre qui multiplié par lui-même donne A

a/ La racine carrée de 25 est 5 car 5 x 5 = 25
b/ La racine carrée de 1764 est 42 car 42 x 42 = 1764
c/ La racine carrée de 441 est 21 car 21 x 21 = 441
d/ La racine carrée de 289 est 17 car 17 x 17 = 289

Exercice 22

Pour écrire un nombre sous la forme d'une puissance de 10, il faut commencer par déterminer si en partant du chiffre 1 on ajoute des 0 vers la droite, dans ce cas la puissance est positive, ou si on ajoute des 0 vers la gauche, alors la puissance est négative :

a/ 100 : en partant du 1 on écrit 2 zéros vers la droite, ainsi 100 = 10^2 (puissance positive avec 2 zéros)

b/ 10 : en partant du 1 on écrit 1 zéro vers la droite, ainsi 10 = 10^1 (puissance positive avec 1 zéro)

c/ 0 ne peut pas être écrit sous la forme d'une puissance de 10, il ne contient pas le chiffre 1

d/ 1 : en partant du 1 on écrit 0 zéro vers la droite, ainsi 1 = 10^0 (puissance positive avec 0 zéro). A noter que tout nombre à la puissance 0 égale 1 ($2^0 = 3^0 = 4^0 = 25^0 = 45^0 = 1$)

e/ 10000 : en partant du 1 on écrit 4 zéros vers la droite, ainsi 10000 = 10^4 (puissance positive avec 4 zéros)

f/ 10000000 : en partant du 1 on écrit 7 zéros vers la droite, ainsi 10000000 = 10^7 (puissance positive avec 7 zéros)

g/ 0,1 : en partant du 1 on écrit 1 zéro vers la gauche, ainsi 0,1 = 10^{-1} (puissance négative avec 1 zéro)

h/ 0,0001 : en partant du 1 on écrit 4 zéros vers la gauche, ainsi 0,0001 = 10^{-4} (puissance négative avec 4 zéros)

i/ 0,00000001 : en partant du 1 on écrit 8 zéros vers la gauche, ainsi 0,00000001 = 10^{-8} (puissance négative avec 8 zéros)

Exercice 23

Pour effectuer les multiplications de puissances de 10, on applique la règle suivante :

$A^n \times A^m = A^{n+m}$

a/ $10^3 \times 10^4 = 10^{(3+4)} = 10^7$
b/ $10^{-9} \times 10^{-5} = 10^{(-9-5)} = 10^{-14}$
c/ $10^{-4} \times 10^6 \times 10^{-1} = 10^{(-4+6-1)} = 10^1$
d/ $10^{-6} \times 10^{11} \times 10^2 = 10^{(-6+11+2)}=10^7$

Exercice 24

On a vu que :

Diviser un nombre par A^n revient à multiplier ce nombre par A^{-n}.

Pour effectuer les divisions de puissances de 10, on déduit la règle suivante :

$A^n / A^m = A^n \times A^{-m} = A^{n-m}$

a/ $10^5 / 10^2 = 10^5 \times 10^{-2} = 10^{(5-2)} = 10^3$
b/ $10^{-2} / 10^{-5} = 10^{-2} \times 10^5 = 10^{(-2+5)} = 10^3$
c/ $10^{-4} / 10^6 = 10^{-4} \times 10^{-6} = 10^{(-4-6)} = 10^{-10}$
d/ $10^{11} \times 10^{-6} = 10^{11} \times 10^6 = 10^{(11+6)} = 10^{17}$

Exercice 25

On rappelle que :

*La **notation scientifique** consiste à écrire un nombre sous la forme d'un nombre décimal à un seul chiffre, compris entre 1 et 9, avant la virgule et multiplié par une puissance de 10.*

a/ Pour écrire 0,54875 sous la forme d'une notation scientifique, il faut l'écrire ainsi 5,4875 (nombre décimal à un seul chiffre, compris entre 1 et 9, avant la virgule) multiplié par une puissance de 10.

Pour passer de 5,4875 à 0,54875 on déplace la virgule de 1 chiffre vers la gauche ce qui correspond à 10^{-1}

Donc $0,54875 = 5,4875 \times 10^{-1}$

b/ Pour écrire 0,00054699 sous la forme d'une notation scientifique, il faut l'écrire ainsi 5,4699 (nombre décimal à un seul chiffre, compris entre 1 et 9, avant la virgule) multiplié par une puissance de 10.

Pour passer de 5,4699 à 0,00054699 on déplace la virgule de 4 chiffres vers la gauche ce qui correspond à 10^{-4}

Donc $0,00054699 = 5,4699 \times 10^{-4}$

c/ Pour écrire 15488745 sous la forme d'une notation scientifique, il faut l'écrire ainsi 1,5488745 (nombre décimal à un seul chiffre, compris entre 1 et 9, avant la virgule) multiplié par une puissance de 10.

Pour passer de 1,5488745 à 15488745 on déplace la virgule de 7 chiffres vers la droite ce qui correspond à 10^{7}

Donc 15488745 = 1,5488745 x 10^7

d/ Pour écrire 14589,547 sous la forme d'une notation scientifique, il faut l'écrire ainsi 1,4589547 (nombre décimal à un seul chiffre, compris entre 1 et 9, avant la virgule) multiplié par une puissance de 10.

Pour passer de 1,4589547 à 14589,547 on déplace la virgule de 4 chiffres vers la droite ce qui correspond à 10^4

Donc 14589,547 = 1,4589547 x 10^4

Conclusion

100 pages, c'est le défi que nous nous étions fixés au début de cet ouvrage pour vous faire comprendre les nombres décimaux, les nombres relatifs, les carrés et racines carrées, les fractions et les puissances au travers d'exemples de la vie quotidienne.

J'espère qu'à l'heure de refermer ce livre, vous en savez davantage sur les mathématiques que lorsque vous l'avez ouvert et surtout que vous avez pris du plaisir à parcourir ces pages. Si certaines notions ne vous semblent pas limpides, prenez le temps de relire le chapitre associé.

Si l'apprentissage qui vous a été proposé vous a convaincu, merci de prendre le temps de laisser une appréciation sur cet ouvrage sur les sites internet où il est proposé à la vente, et de prêter ou offrir ce livre autour de vous. Si hélas, ce livre n'a pas été à la hauteur de vos attentes, n'hésitez pas à m'envoyer des commentaires par mail (pascal.imbert@yahoo.com) en précisant les améliorations que vous jugez intéressantes à apporter. Ces éléments aideront grandement à enrichir cet ouvrage au fil des révisions.

Le lien et l'échange entre lecteurs et auteur au travers des commentaires est essentiel pour que chacun progresse : les lecteurs vers la guérison de leur allergie aux maths, l'auteur vers la satisfaction d'avoir fourni un remède efficace à cette allergie …